职业教育工程测量技术专业系列教材

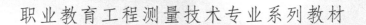

计算器测量编程

第 2 版

冯大福　编著

U0240637

机械工业出版社

全书共计 5 章，内容包括计算器概述、CASIO *fx*-5800*P* 计算器操作入门、编程基础知识、常见测量小程序、工程测量程序应用实例。书中还结合工程测量中使用频率较高的测绘计算案例，给出了 24 个实用测量程序。

本书可作为高职高专和中等职业院校测绘类、路桥类、建筑类等专业的教材，也可作为测绘人员计算器操作能力的培训手册，还可以作为广大测绘行业工程技术人员的参考书。

为方便教学，本书配有电子课件、教案及授课计划等教学资源，凡选用本书作为授课教材的教师均可登录 www.cmpedu.com，以教师身份免费注册下载。编辑咨询电话：010-88379934。机工社职教建筑群：221010660（QQ 群号）。

图书在版编目（CIP）数据

计算器测量编程/冯大福编著．—2 版．—北京：机械工业出版社，2019.2
（2024.1 重印）
职业教育工程测量技术专业系列教材
ISBN 978-7-111-61930-7

Ⅰ．①计…　Ⅱ．①冯…　Ⅲ．①测量–应用程序–程序设计–职业教育–教材　Ⅳ．①P209

中国版本图书馆 CIP 数据核字（2019）第 022821 号

机械工业出版社（北京市百万庄大街 22 号　邮政编码 100037）
策划编辑：沈百琦　责任编辑：沈百琦
责任校对：佟瑞鑫　封面设计：陈　沛
责任印制：单爱军
北京虎彩文化传播有限公司印刷
2024 年 1 月第 2 版第 2 次印刷
184mm × 260mm・7.25 印张・134 千字
标准书号：ISBN 978-7-111-61930-7
定价：22.00 元

电话服务　　　　　　　　网络服务
客服电话：010-88361066　机　工　官　网：www.cmpbook.com
　　　　　010-88379833　机　工　官　博：weibo.com/cmp1952
　　　　　010-68326294　金　书　网：www.golden-book.com
封底无防伪标均为盗版　机工教育服务网：www.cmpedu.com

第 2 版前言

本书第 1 版自 2012 年出版以来，一直受到测绘技术人员的欢迎，一些职业院校也将其选为"计算器测量编程"等计算器相关课程的教材，并多次重印。本书是在第 1 版的基础上修订而成的。修订的主要原因有二：一是近年来用于测绘工程领域的计算器在不断推陈出新，相继推出了 CASIO fx-CG20 和 CASIO FD10Pro 两款新品，计算器容量更大、运行速度更快、汉化的内容更多、与计算机的通信更方便、使用界面更友好，当然，编写的程序也有所不同；二是工程施工测量的一些作业方式发生了改变。

本书修改了大量的程序内容，除了满足 CASIO fx-5800P 计算器外，还能够满足 CASIO fx-7400G、CASIO fx-9750G、CASIO fx-9860G 以及最新的 FD10Pro 计算器运行的要求，并结合生产和教学实际，增减了一些用程序表达的工程案例。同时，本书还增加了附录，罗列了 CASIO fx-5800P 计算器在编程时常用的符号、命令和函数，方便读者查询和使用。

限于编者水平，本书也可能存在不妥之处，敬请批评指正。

编　者

第 1 版前言

现代测绘的发展趋势是由传统测绘、数字测绘向信息化测绘的方向发展。测绘技术正在发生着巨大的变化，测绘人员的三大基本能力，即"测""绘""算"，也与过去有了许多不同之处。但在工程测绘领域，一些传统的测绘方法，特别是施工放样中的传统计算方式仍在广泛使用。

目前，"观测"更依赖于先进的仪器，"绘图"更依赖于先进的软件。在"计算"方面，复杂的平差也借助计算机和平差软件来完成，但在现场情况随时变化的施工测量计算方面，仍会依赖灵活、便携的程序计算器来解决施工测量的实际问题。为此，我们编写了本书，以方便一些开设有"计算器测量编程"课程的院校使用。

CASIO 5800P、CASIO 7400G、CASIO 9750G、CASIO 9860G、CASIO CG20 等高版本计算器的编程语言属同一系列，语句格式大同小异。考虑到各类型计算器的市场占有率、现有程序参考资料的数量、计算器的性价比等因素，本书选择一直以来十分普及的 CASIO fx-5800P 计算器作为示范计算器。其他图形计算器的编程语言与 5800P 相比十分接近，本书编写的绝大多数测量程序不作任何改变就能用于 CASIO fx-7400G、CASIO fx-9750G、CASIO fx-9860G 等计算器中。

考虑到职业院校一般都在学生在校期间的第一学年开设本课程，学生的测绘专业知识还不够，所以本书的第 1、2、3 章可以让学生充分地学习编程的方法和技巧。本书的第 4、5 章，给出了 24 个实用程序，这也是编者多年从事工程测量的积累所得，可供测量同行使用。

在本书的编写过程中，焦亨余对本书的编写大纲提出了宝贵的意见，在此表示感谢；同时，编者参阅了大量文献，引用了同类书刊中的一些资料，在此谨向有关作者表示谢意！

由于编者水平有限，书中不妥和错漏之处在所难免，恳请读者批评指正。

编　者

目 录

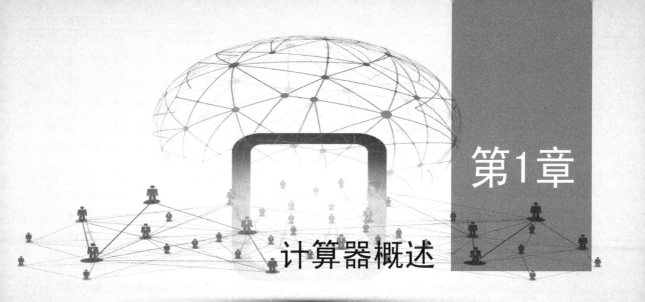

第1章

计算器概述

本章主要介绍计算器的发展历史、计算器与计算机的区别、计算器的特点以及计算器在工程测量中的应用。

🔍 知识目标

了解程序计算器的特点以及它在工程测量中的主要应用。

1.1 计算器的发展史

人类最早是以掰手指头的方式进行计算，所以大部分的古代文明都采用 10 进制。之后人类学会了用一些天然的工具来弥补手指的不足，比如小木棍、石子等。但这些都还不能算是真正的计算工具。世界上最古老的计算工具是我国的算筹，而不是算盘。这种工具最晚出现于 2000 多年前的春秋战国时期，之后中国人又发明了算盘。但是在这一时期，西方还没有一种算得上工具的计算器。

明朝以后，算盘在世界各地流传开来，并出现了许多变种，但并不是人们想象中的那么普及。

在西方，1614 年，苏格兰人 John Napier 撰文说，他发明了一种可以进行四则运算和方根运算的精巧装置。1623 年，Wilhelm Schickard 制作了一个能够进行 6 位数以内加减法运算，通过转动齿轮进行操作，并能通过铃声输出答案的"计算钟"。1625

年，William Oughtred 发明了计算尺。1671 年，德国数学家 Gottfried Leibniz 设计了一台可以进行乘法运算，答案长度可达 16 位的乘法机。1822 年，英国人 Charles Babbage 设计了差分机和分析机，可以利用卡片输入程序和数据。

计算器是伴随着计算机的研制而逐步发展的。1946 年，第一台正式的计算机"埃尼阿克"在美国诞生，但体积庞大且十分耗电。从此，计算器与计算机开始有了巨大的区别。计算器只是一种简单的计算工具，有些具有函数计算功能、存储功能以及少量固化程序处理功能，但自动化程度不高，需要不断地进行人工干预，扩展性也很差，只能完成特定的计算任务。而计算机则具备复杂的存储功能和控制功能，自动化程度极高，可以不需要人工干预，借助操作系统平台和软硬件，可以进行相当多的功能扩展。

与此同时，计算机技术促进了计算器研制技术的不断进步，计算器也步入了快速发展的阶段。1957 年，日本卡西欧公司开发了第一款小型电动式 14-A 型计算器。1959 年，第一台小型科学计算器 IBM620 在美国研制成功。1971 年，前苏联第一台袖珍计算器问世，如图 1-1 所示。

图 1-1 苏联第一款袖珍计算器

经过数十年的快速发展，现代的计算器已变得外形精巧、环保节能、功能强大、价格低廉。

在我国的工程领域，日本卡西欧公司生产的程序计算器应用较为普及，其主要的程序计算器型号有 *fx*-180*P*、*fx*-3600*P*、*fx*-3650*P*、*fx*-3950*P*、*fx*-4500*P*、*fx*-4800*P*、*fx*-4850*P*、*fx*-5800*P*、*fx*-7400*G*、*fx*-9750*G*、*fx*-9860*G*、*fx*-CG20、*fx*-FD10*Pro* 等。目前，在

工程领域常用的程序计算器主要是 5800P 以上型号的程序计算器，如图 1-2 ～ 图 1-7 所示。

图 1-2　CASIO *fx*-4800*P* 计算器

图 1-3　CASIO *fx*-5800*P* 计算器

图 1-4　CASIO *fx*-7400*G* 计算器

图 1-5　CASIO *fx*-9750*G* 计算器

图 1-6 CASIO *fx-9860G* 计算器　　　　　图 1-7 CASIO *fx-FD10Pro* 计算器

与计算机相比，计算器虽然功能较弱，但它便于携带、能耗较低、使用方式灵活、稳定性好的特点，使其有了计算机所不可替代的地位。让我们一起来开发它的实用功能，展示它的精彩之处吧！

1.2 计算器在工程测量中的应用

20 世纪 90 年代，随着我国国民经济的飞速发展，程序计算器在我国的工程界得到了非常广泛的应用。卡西欧编程计算器几乎成了工程技术人员，特别是测量工程技术人员的标准配置，如当时非常流行的 CASIO *fx-4500PA*、CASIO *fx-4800P*、CASIO *fx-4850P* 程序计算器。

全国土木工程战线的测绘技术人员，用手中的计算器，开发编写了大量的工程施工实用程序，解决了许多实际问题。特别是在公路施工测量、铁路施工测量、市政施工测量、矿山测量、房屋建筑施工、地籍测量、水运测量、国家基础测绘等诸多方面，有了非常普及的应用。

在计算机技术和工程软件高度发达的今天，程序计算器还能够得到如此广泛的应用，主要的原因是价格低廉、便于携带、程序语言简单易学，符合施工现场计算要求，能够缩短外业作业的时间，提高工作效率。

目前，程序计算器不仅存储容量扩大，还增加了图形、串列、中文等功能。而且，程序计算器与计算机之间能够方便快捷地进行数据通信，让我们对程序计算器在工程测量等领域的应用有了更多的期待。

练 习 题

1. 程序计算器与计算机相比，有什么特点？

2. 程序计算器在工程测量中有哪些应用？

3. 请说一说你都用过哪些型号的计算器？主要用它们来完成什么任务？

第2章

CASIO *fx*-5800*P* 计算器操作入门

内容概述

本章主要介绍 CASIO *fx*-5800*P* 计算器各按键的功能、按键操作的方法、要完成日常测量计算须进行的模式设置、普通计算器的一般计算方法、数据存储操作方法、统计与回归计算以及其他一些功能。

知识目标

1. 了解 CASIO *fx*-5800*P* 程序计算器键盘的功能区划分。
2. 了解用普通计算器或程序计算器进行统计计算和回归计算的方法。
3. 掌握函数计算器常用按键的操作方法，以及数据存储的操作方法。
4. 能够正确地设置计算器的计算状态，并进行一般计算。

2.1 CASIO *fx*-5800*P* 计算器的按键功能

2.1.1 键盘区域划分

CASIO *fx*-5800*P* 计算器的键盘主要分为三个区域，如图 2-1 所示。

（1）第一键盘区

有模式设置键 MODE （也是状态设定键 SETUP ）、功能键 FUNCTION 和光标移

图 2-1　CASIO *fx*-5800*P* 计算器键盘分区图

动键。模式设置键 $\boxed{\text{MODE}}$ 主要用来设定计算模式，以及配置计算器的输入和输出、计算参数等。功能键 $\boxed{\text{FUNCTION}}$ 主要用于输入各种数学函数、命令、常数、符号以及进行其他特殊的操作。光标移动键即四个方向键主要用于显示屏上移动光标、屏幕翻页、查看计算履历等，如图 2-2 所示。

图 2-2　方向键

（2）第二键盘区

有 4 行 6 列共 24 个键，其主要功能是进行数学函数计算。

（3）第三键盘区

有 4 行 5 列共 20 个键，其主要功能是输入数字 0～9 和进行四则运算等。

2.1.2　按键

CASIO *fx*-5800*P* 计算器的每个按键都具有一种及以上的功能，各功能以彩色符号标示在键盘上，以帮助计算器的使用者方便快捷地找到所需要的功能键。如图 2-3 所示，该键有如下功能：

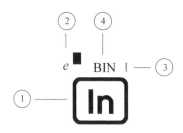

图 2-3 CASIO *fx*-5800*P* 计算器按键功能示意图

1）直接按该键，则为 ln。

2）按 SHIFT 键后，再按该键，则执行的是 $e^{\blacksquare}$。

3）按 ALPHA 键后，再按该键，则执行的是 〔。

4）在 BASE-N 模式下按该键，则执行的是 BIN。

2.1.3 状态栏及显示屏

CASIO *fx*-5800*P* 计算器显示屏幕采用 96 点 ×31 点的液晶矩阵显示，其上方有一行状态栏。一般情况下，显示屏可同时显示 4 行，每行可显示 16 个字符，如图 2-4 所示。

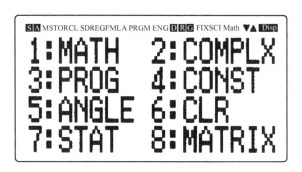

图 2-4 CASIO *fx*-5800*P* 计算器显示屏幕

屏幕最上方状态栏的指示符含义见表 2-1。

表 2-1 状态栏指示符含义

序　号	指示符	含　义
1	**S**	按下 SHIFT 键后出现，表示按键将输入橙色符号所标的功能
2	**A**	按下 ALPHA 键后出现，表示按键将输入红色符号所标的字母或符号
3	STO	按下 SHIFT RCL 后出现，将指定值或计算结果存入指定的变量
4	RCL	按下 RCL 键后出现，查看指定给变量的值
5	SD	计算器处于 SD 模式，即单变量统计计算模式

（续）

序　号	指示符	含　义
6	REG	计算器处于 REG 模式，即双变量统计计算模式
7	FMLA	表示当前程序模式工作对象是公式
8	PRGM	表示当前程序模式工作对象是程序
9	ENG	按工程显示数值
10	**D**	选用"度"作为角度测量和计算单位
11	**R**	选用"弧度"作为角度测量和计算单位
12	**G**	选用"梯度"作为角度测量和计算单位
13	FIX	已指定显示小数位数
14	SCI	按科学表示法显示数值
15	Math	当前表达式的输入与输出设定为普通显示
16	**Disp**	当前显示的数值为中间计算结果
17	▼▲	表示当前显示屏的下、上有数据

2.2　CASIO *fx*-5800*P* 计算器的计算模式设定

2.2.1　模式选择

使用计算器时，应选择相应的模式。按 MODE 键，屏幕则显示如图 2-4 所示的菜单选项，按 ▲ 键和 ▼ 键对菜单屏幕 1 和菜单屏幕 2 进行切换。

按 MODE 键后，按 EXIT 键不能退出该界面，必须选择一种计算模式。

CASIO *fx*-5800*P* 计算器的计算模式主要有 11 种：

1）COMP：普通计算模式，包括函数计算。

2）BASE-N：基数计算模式，包括 2 进制、8 进制、10 进制、16 进制的变换及逻辑运算。

3）SD：单变量统计计算。

4）REG：双变量统计计算和回归计算。

5）PROG：程序模式，定义程序或公式文件名、输入、编辑、运行程序或公式。

6）RECUR：序列计算模式，可使用 a_n 和 a_{n+1} 两种序列类型创建序列表。

7）TABLE：数表计算模式，创建 x 和对应 $f(x)$ 值的数表计算。

8）EQN：方程式计算模式，可求解最高五元一次联立方程组及一元三次方程。

9）LINK：数据通信，用于在两个 CASIO *fx*-5800*P* 计算器之间传输程序。

10）MEMORY：存储器管理。

11）SYSTEM：对比度调节及计算器复位操作。

2.2.2 计算器设定

按 SHIFT SETUP （指的是先按 SHIFT 键再按 SETUP 键，下同），屏幕显示设定菜单选项，如图2-5所示。该设定有屏幕1和屏幕2两个部分，可以按 ▲ 和 ▼ 键在两个屏幕之间切换。计算器设定主要用于配置输入和输出、角度单位、计算参数和其他方面的设定。

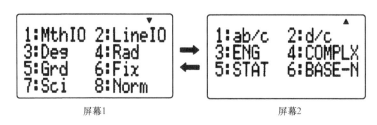

图2-5 计算器菜单选项

按 SHIFT SETUP 后，按 EXIT 键可以退出该界面。

（1）普通显示格式（MthIO）和线性显示格式（LineIO）

1）MthIO为普通显示格式，即自然书写显示方式。在这种显示方式下，计算器可按照分数、平方根、微分、积分、指数、对数和其他数学表达式的自然书写形式进行显示。这种格式既可用于输入表达式，也可应用于输出计算结果。如：$\frac{1}{2} + \frac{1}{3} = \frac{5}{6}$。

2）LineIO为线性显示格式，将使用计算器定义的特殊格式输入和显示表达式及函数，计算结果显示为小数。如 $\frac{1}{2} + \frac{1}{3} = 0.8333333333$ 。

需要说明的是，按 S⇔D 可以在标准（S）格式（分数、$\sqrt{\ }$ 和 π）和小数（D）格式之间相互转换。

照顾到日常测量工作者的作业习惯，在测量外业和内业计算时，宜将该模式设定为LineIO线性显示格式。

（2）角度单位（Deg、Rad、Gra）

1）Deg：设定十进制度为当前默认角度单位，屏幕状态栏显示为D。

2）Rad：设定弧度为当前默认角度单位，屏幕状态栏显示为R。

3）Gra：设定梯度为当前默认角度单位，屏幕状态栏显示为 G。

三种角度单位之间的关系：360 度 =2π 弧度 =400 梯度。

通常情况下，测量人员习惯用 Deg 作为默认角度单位。

（3）数字显示位数（Fix、Sci、Norm）

1）Fix：输入数字 0 ~ 9，即可指定小数点后的显示位数（按四舍五入）。设置 Fix 显示格式后，状态栏显示 FIX。如需取消 Fix 设定，则设定 Norm 1 或 Norm 2 即可。例如：设定了 Fix 3 的显示格式，则某点坐标高程显示为 37585.269，48310.847，106.746。

2）Sci：如果不按小数位数显示数字，也可按科学记数法来显示数字。输入数字 0 ~ 9，则可指定科学记数显示的有效位数。设置了 Sci 显示格式后，状态栏显示 SCI。如需取消 Sci 设定，则设定 Norm 1 或 Norm 2 即可。如设定 Sci 4，则上述坐标 37585.269 显示为 3.759×10^4。

3）Norm：有 Norm1 和 Norm2 两项可选，用于设定科学记数法范围。Norm1，则对于小于 10^{-2} 和大于等于 10^{10} 的数值，采用科学记数法。Norm2，则对于小于 10^{-9} 和大于 10^{10} 的数值，采用科学记数法。

对于测量人员来说，一般设定 Norm2 通常可满足显示很多位小数的要求，当然，也可以设定 Fix 来固定小数显示位数。

（4）其他设定（ab/c、d/c、ENG、COMPLX、STAT、BASE – N）

1）ab/c：设定计算结果的分数显示格式为带分数。

2）d/c：设定计算结果的分数显示格式为假分数。

3）ENG：EngOn 设定打开工程符号；EngOff 设定关闭工程符号。

4）COMPLX：$a + bi$ 设定复数计算结果的显示格式为直角坐标格式；$r \angle \theta$ 设定复数计算结果的显示格式为极坐标格式。

5）STAT：FreqOn 设定在 SD 模式和 REG 模式计算期间打开统计频数；FreqOff 设定在 SD 模式和 REG 模式计算期间关闭统计频数。

6）BASE – N：Signed 设定在 BASE – N 模式计算中启用负值；Unigned 设定在 BASE – N 模式计算中禁用负值。

2.2.3　计算器功能菜单

按 FUNCTION 键，则屏幕显示功能菜单。

按 FUNCTION 键后，按 EXIT 键可以退出该界面。

在 COMP 模式下，按 FUNCTION 键菜单会出现如图 2-6 所示的显示内容；在 SD

和 REG 模式下，按 FUNCTION 键，则会出现如图 2-7 所示的显示内容，其意义如下：

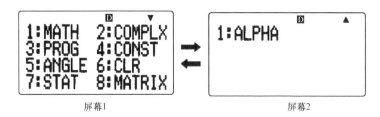

图 2-6　按 FUNCTION 键计算器菜单选项

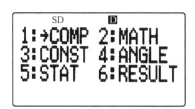

图 2-7　SD 和 REG 模式下计算器菜单选项

1）MATH：调出积分、微分、求和、极坐标、直角坐标等数学函数。

2）COMPLX：调出复数计算函数。

3）PROG：调出各种程序命令。

4）CONST：调出计算器内置的 40 个常用科学常数，如万有引力常数等。

5）ANGLE：调出角度单位，包括 10 进制度数、弧度、梯度及度分秒转换等。

6）CLR：清除统计样本、存储器、矩阵、变量等的内容。

7）STAT：在普通计算模式下，用于调出各种统计计算变量；在单变量或双变量统计模式下，用于对统计样本的编辑，以及调出各种统计计算变量。

8）RESULT：在单变量或双变量统计（含回归计算）模式下，用于调出全部计算结果。

9）MATRIX：调出矩阵编辑与计算命令。

10）ALPHA：调出英文小写字母字符、希腊大小写字符、下标字符等。

11）→COMP：在单变量或双变量统计（含回归计算）模式下返回普通计算模式。

2.3 CASIO *fx*-5800*P* 计算器的基本计算操作

2.3.1　函数计算

CASIO *fx*-5800*P* 计算器函数分为 A 型函数和 B 型函数。两者有一定的区别，A

型函数输入时是先输入数值，后按函数键。A 型函数如 x^2、x^{-1}。B 型函数的输入方法是先按函数键，后输入数值。B 型函数如 sin、cos、tan、ln、log、$\sin^{-1}$、$\cos^{-1}$、$\tan^{-1}$ 等。

除了计算器键面上的函数外，另外有一些函数必须通过菜单选项输入。在 COMP 模式下，按 FUNCTION 1，选择"1：MATH"，屏幕显示如图 2-8 所示的函数菜单，可按上、下键翻页切换，则出现如图 2-9、图 2-10 所示的内容。

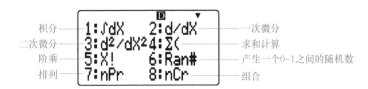

积分——1:∫dX　　2:d/dX——一次微分
二次微分——3:d²/dX² 4:Σ(——求和计算
阶乘——5:X!　　6:Ran#——产生一个0~1之间的随机数
排列——7:nPr　　8:nCr——组合

图 2-8　MATH 功能选项下的函数菜单（一）

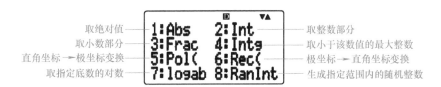

取绝对值——1:Abs　　2:Int——取整数部分
取小数部分——3:Frac 4:Intg——取小于该数值的最大整数
直角坐标→极坐标变换——5:Pol(6:Rec(——极坐标→直角坐标变换
取指定底数的对数——7:logab 8:RanInt——生成指定范围内的随机整数

图 2-9　MATH 功能选项下的函数菜单（二）

双曲正弦函数——1:sinh　　2:cosh——双曲余弦函数
双曲正切函数——3:tanh　4:sinh⁻¹——反双曲正弦函数
反双曲余弦函数——5:cosh⁻¹ 6:tanh⁻¹——反双曲正切函数

图 2-10　MATH 功能选项下的函数菜单（三）

2.3.2　表达式计算

（1）一般表达式示例

$$(289.36 + 43.07) \times \sqrt{0.034^2 + 0.076^2} - 1.85 \times 10^2 = -157.3223$$

$$\tan^{-1}(0.0375) = 2.1476$$

（2）分数表达式示例

$$\frac{4}{7} + 2\frac{5}{6} = 3.405\left(\text{或}\frac{143}{42}\right)$$

$$\ln\left(\frac{2}{3}\right) = -0.405465$$

（3）百分比的使用示例

$$143.065 \times 0.75\% = 0.1073$$

$$10800 \times (1 - 0.75\%) = 10719$$

（4）表达式输入时需注意的问题

1）在运用表达式进行计算之前，可按 AC/ON 键清除屏幕内容。

2）在 B 型函数、常数、变量名、数值存储器和开括号之前，可以省略乘号（×），使表达式更简捷，如 2sin（132）。

3）表达式最后的圆括号右边部分"）"可以省略。如 Pol（100，65。但编者认为，此功能慎用，在对计算器充分熟悉的情况下可以使用，以免出错。

2.3.3 多重语句计算

像编程一样，在 COMP 状态下也可以使用多重语句进行表达式的计算。使用多重语句时，可以用"："或"◢"将语句隔开。如（3 + 2）- 5 × 4 和 7 ÷ 9 的同时输入。

输入：3 + 2:*Ans* - 5 × 4 ◢ 7 ÷ 9

将显示：- 15

0.777777

2.3.4 角度的输入与计算

对于普通测量工作而言，使用计算器时一般将角度单位设置成 Deg 模式。

（1）度分秒的输入

如输入：297 °′″ 32 °′″ 18 °′″

将显示：297°32′18″

（2）回显成十进制度

如要将上述角度 297°32′18″回显成十进制度的形式在（1）的结果显示后，按 °′″ 键（或按 SHIFT °′″ 键）

将显示：297.5383333

（3）将度分秒转换成弧度

先按 SETUP 键将角度单位改为弧度（Rad）状态，输入 297°32′18″，再按 FUNCTION 5 1 键

将显示：5.193023568

（4）将弧度转换为十进制度

如要将上述弧度 5.193023568 转换成十进制度或度分秒的角度形式，则先按 SETUP 键将角度单位改为弧度（Deg）状态，输入 5.193023568，再按 FUNCTION 5 2

将显示：297.5383333

再按 °′″

将显示：297°32′18″

（5）角度的加减运算

297°32′18″ + 104°08′54″ − 180° = 221°41′12″

（6）角度的函数运算

100.453 × cos（297°32′18″）= 46.444

100.453 × sin（297°32′18″）= − 89.072

2.3.5　直角坐标与极坐标的换算

虽然测量坐标系的 X、Y 轴的正方向以及坐标象限的旋转方向与数学坐标系不同，但在直角坐标与极坐标的换算过程中，两者所用的数学公式完全一致。也就是说在 CASIO *fx-5800P* 计算器中进行直角坐标和极坐标的换算时，对数学坐标系和测量坐标系均适用。

（1）直角坐标转换为极坐标（Pol 函数）

Pol(x,y) 函数可以计算出 r、θ，计算出的 r 值存放在字母 I 中，计算出的 θ 值存放在字母 J 中，可随时调用。

Pol(x,y) 函数可用于由两点之间的坐标增量，求出两点之间的水平距离和方位角的计算，即坐标反算。

例如，输入 Pol（123.478， − 275.009）并按 EXE 键（回车键），即得根据 ΔX = 123.478，ΔY = − 275.009 计算出的距离和方位角：

平距 r = 301.458m

方位角 θ = − 65°49′12.36″（加 360° 即得 0 ~ 360° 的方位角）。

也可以用两个坐标的差值输入，如：

Pol（3023.406 − 3516.948，2803.643 − 2745.009）

（2）极坐标转换为直角坐标（Rec 函数）

Rec(r, θ) 函数可以计算出 x、y，计算出的 x 值存放在字母 I 中，计算出的 y 值存放在字母 J 中，可随时调用。

这一函数可根据两点之间水平距离和方位角，求出两点之间的坐标增量，即坐标正算。

例如，输入 Rec（85.074，231°12′33″）并按 $\boxed{\text{EXE}}$ 键，即得坐标增量

$\Delta X = -53.297$

$\Delta Y = -66.310$

相当于 $85.074 \times \cos(231°12′33″) = -53.297$

$85.074 \times \sin(231°12′33″) = -66.310$

$\boxed{2.4}$ CASIO *fx*-5800*P* 计算器的存储器操作

2.4.1 标准变量存储器

CASIO *fx*-5800P 计算器支持使用从 *A* 到 *Z* 命名的 26 个变量。在普通计算状态，可以按 $\boxed{\text{STO}}$ 键把数字存储到字母变量中，按 $\boxed{\text{RCL}}$ 键又可将字母变量中存储的数字调用出来。

例如，要把 9999 存储到字母 $A^{\ominus}$ 中，可执行：

9999 $\boxed{\text{STO}}$ $\boxed{\text{A}}$

则屏幕显示：

$\boxed{\begin{array}{l} 9999 \rightarrow \text{A} \\ \qquad 9999 \end{array}}$

例如，要把字母 *A* 中的数字调用出来，可执行：

$\boxed{\text{RCL}}$ $\boxed{\text{A}}$

则屏幕显示：

$\boxed{\begin{array}{l} \text{A} \\ \qquad 9999 \end{array}}$

其他字母可类此操作，字母 *M* 同时用于独立存储器。

2.4.2 额外变量存储器

若编写程序时，*A* ~ *Z* 的 26 个英文字母不够用，此时可添加额外变量。添加额外变量的句法为

$$N \rightarrow \text{DimZ}$$

句法中，*N* 是数字，是根据程序内容需要添加额外变量数。DimZ 为额外变量，按 $\boxed{\text{SHIFT}}$ $\boxed{\cdot}$ 输入 DimZ。

额外变量名称由字母"Z"和字母"Z"后的方括号及方括号括起的数字组成，其形式为

$$Z[I]$$

括号中的 I 可以是 $1 \sim N$。

例如，在编写某程序时，添加了四个额外变量，其表达式为

$$4 \to \text{DimZ}$$

其添加的额外变量名称是 $Z[1]$、$Z[2]$、$Z[3]$、$Z[4]$。其中 $Z[1]$、$Z[2]$、$Z[3]$、$Z[4]$ 可以放置不同的数据内容。程序执行中，若要显示其计算结果，可以在其后加一个显示符号"◢"，即

$$Z[1] \ ◢$$
$$Z[2] \ ◢$$
$$Z[3] \ ◢$$
$$Z[4] \ ◢$$

若要其不显示计算结果，可在其后加回车符"↵"。

若程序执行中不显示额外变量计算结果，但需调用额外变量的计算结果时，可以在屏幕上输入希望调用计算结果的额外变量的名称，然后按 EXE 键。

例如，调用 Z [1] 计算结果，则可按 ALPHA Z 、 ALPHA [、 ALPHA] 键，然后按 EXE 键，则屏幕显示如图 2-11 所示。

```
Z[1]


          XXX. XXXX
```

图 2-11 调用额外变量的计算结果

添加额外变量的目的，是为了在程序计算中使用额外变量。

例如，额外变量值是 *HZ* 点和 *ZH* 点的坐标 *X* 与 *Y*，利用其值可以计算前缓和曲线、圆曲线、后缓和曲线，及后直线段上任意里程桩号的中桩坐标 *X* 与 *Y*。其计算表达式为

$$Z[1] + I \to X : Z[2] + J \to Y$$
$$Z[3] + I \to X : Z[4] + J \to Y$$

2.4.3 公式变量存储器

CASIO *fx*-5800*P* 计算器的内置公式或用户公式使用以下字母：

1）英文小写字母：*abcdefghijklmnopqrstuvwxyz*。

2）希腊字母：$\alpha\beta\gamma\delta\varepsilon\zeta\eta\theta\iota\kappa\lambda\mu\nu\xi o\pi\rho\sigma\tau\upsilon\varphi\chi\psi\omega$；$AB\Gamma\Delta EZH\Theta IK\Lambda MN\Xi O\Pi P\Sigma\ TY\Phi X\Psi\Omega$。

3）下标字符（数字、英文大小写）：A_1、α_0、ω_1、Δ_χ。

2.4.4　独立存储器（M）

M 为独立存储器，用于存储数据的连加或连减多个计算结果。

M 也是一个标准变量。例如：

1）$0 \rightarrow M$ 表示把 M 中的数字清零。

2）11×22 $\boxed{\text{EXE}}$ 242 $\boxed{\text{M}+}$ 表示把计算结果连加到字母 M 中，$M = 242$。

3）$164 \div 5$ $\boxed{\text{EXE}}$ 32.8 $\boxed{\text{M}+}$ 表示把计算结果 32.8 连加到字母 M 中，$M = 274.8$。

2.4.5　答案存储器（Ans）

答案存储器可以存储最近一次执行的计算结果。用好答案存储器，可以提高我们的计算速度。

例如：$231°12'33'' + 99°58'04'' - 180 = 151°10'37''$

$\sin(Ans) = 0.482106$ （Ans 存放的是上一计算结果 $151°10'37''$）。

2.4.6　存储器内容的清除与释放

使用 ClrMemory 命令可以清除所有变量的内容（使其中的值为 0），包括 26 个基本变量和答案存储器（Ans），但不包括扩充变量。调用 ClrMemory 命令的方法是按 $\boxed{\text{FUNCTION}}$ $\boxed{6}$ $\boxed{2}$ $\boxed{\text{EXE}}$ 键。

当然，要单独清除某一字母变量的值，只需要将 0 赋值给该变量即可，按 $\boxed{0}$ $\boxed{\text{SHIFT}}$ $\boxed{\text{STO}}$ $\boxed{\text{K}}$ 键即可。

使用 ClrMemory 命令可以清除所有公式变量的内容。

使用 ClrStat 命令可以清除所有统计变量的内容。

使用 ClrMat 命令可以清除矩阵变量的内容。

$\boxed{2.5}$ CASIO *fx*-5800*P* 计算器的统计与回归计算

统计和回归计算在测量数据处理过程中应用较广。统计计算一般为 SD 模式，在屏幕状态栏显示有 SD 字样。回归计算一般为 REG 模式，在屏幕状态栏显示有 REG 字样。

在 CASIO *fx*-5800*P* 计算器中按 $\boxed{\text{MODE}}$ $\boxed{3}$ 进入统计计算模式，按 $\boxed{\text{MODE}}$ $\boxed{4}$ 进入回归计算模式。

2.5.1　统计数据的输入与编辑

CASIO *fx*-5800*P* 计算器中共有三个串列存储器，分别是 List *X*、List *Y*、List *Freq*，每个串列可以存储 199 个统计数据。将光标移动到相应的单元格中，输入数据并按 EXE 键即可，如图 2-12 所示。

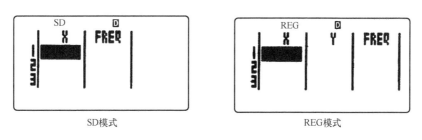

图 2-12　统计或回归中的串列

统计数据的编辑包括替换、删除、插入等操作。如要插入行，则将光标移到该行的任意单元格，按 FUNCTION 5 ，则屏幕显示功能菜单，按 1 键即可进入数据编辑命令菜单，如图 2-13 所示。

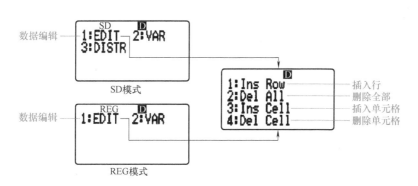

图 2-13　在 SD 或 REG 状态进入 FUNCTION 后的操作

2.5.2　统计变量与函数

在 SD 模式或 REG 模式下完成了统计数据的输入后，可以在 COMP 模式下调用统计变量和统计计算结果，其按键是 FUNCTION 7 ，即可进入统计功能菜单。

2.5.3　单变量统计计算示例

按 MODE 3 键进入单变量统计计算模式，屏幕状态行显示 SD。

如用全站仪对某条边测量了 8 次，其水平距离分别为 103.227m、103.219m、103.222m、103.220m、103.226m、103.224m、103.227m、103.225m，现求其自述平均值 $\bar{x}$ 和一次测距中误差 m。按 $\boxed{\text{FUNCTION}}$ $\boxed{6}$ $\boxed{\text{RESULT}}$ 键即得统计结果如下：

$$1 - Variable$$

$$\bar{x} = 103.22375$$

$$\sum x = 825.79$$

$$\sum x^2 = 82541.1405$$

$$x\delta_n = 2.90473 \times 10^{-3}（此即为测距中误差 m）$$

$$x\delta_{n-1} = 3.10529 \times 10^{-3}$$

$$n = 8$$

$$minX = 103.219$$

$$maxX = 103.227$$

2.5.4 回归计算示例

回归计算属双变量统计计算，按 $\boxed{\text{MODE}}$ $\boxed{4}$ 键即可进入该模式，屏幕状态行显示 REG。

CASIO fx-5800P 计算器可以进行七种类型的回归计算，见表2-2。

表2-2　回归类型及回归方程

序　号	回归计算类型	回归方程
1	线性回归	$y = ax + b$
2	二次回归	$y = ax^2 + bx + c$
3	对数回归	$y = a + b\ln x$
4	e 指数回归	$y = ae^{bx}$
5	ab 指数回归	$y = ab^x$
6	乘方回归	$y = ax^b$
7	逆回归	$y = a + b/x$

要查看双变量回归计算结果，只需要在 REG 模式下，按 $\boxed{\text{FUNCTION}}$ $\boxed{6}$ $\boxed{2}$ 键可显示回归类型菜单，再按相应的数字选择相应的回归计算类型，即可看到回归计算的结果了。例如对表2-3中部分学生的身高和体重进行回归分析（假定体重与身高之间存在函数关系）。

表 2-3 回归分析样本数据

学 生 序 号	身高/m	体重/kg
1	1.75	66
2	1.69	57
3	1.83	72
4	1.70	70
5	1.65	60
6	1.71	63
7	1.80	78
8	1.59	61

按 MODE 4 键在 List X 和 List Y 列中分别输入身高和体重。按 FUNCTION 6 2 1 键选择线性回归, 则结果如下

$$y = ax + b \qquad\qquad (2\text{-}1)$$
$$a = 68.5141509$$
$$b = -51.626768$$
$$r = 0.75748965$$

如按 FUNCTION 6 2 6 键选择乘方回归, 则结果如下

$$y = ax^b \qquad\qquad (2\text{-}2)$$
$$a = 25.7716739$$
$$b = 1.73365518$$
$$r = 0.74916392$$

需要说明的是, r 为相关系数, 其值越接近 1, 说明两组数据之间的相关性越好, 回归方程的选择越正确。

2.6 CASIO *fx*-5800P 计算器的其他常用功能

2.6.1 屏幕公式的计算

在 COMP 模式下, 在计算器屏幕上输入一个或多个公式（以 ":" 或 "◢" 隔开）, 然后对其进行相应的计算操作。

（1）CALC 命令计算方法一

屏幕公式一般使用变量 $A \sim Z$, 等式左边为一个单变量, 右边为一个表达式, 如 $Y = 7A - 4B^2$。输入公式后, 可以用 CALC 命令对公式求解, 只需要输入变量的值即可

计算出结果，并可多次改变变量的值，进行多次求解。

例如，输入公式 $D = \sqrt{X^2 + Y^2}$，按 $\boxed{\text{CALC}}$ 键（输入公式不用按 $\boxed{\text{EXE}}$ 键），输入

$$X = 5,$$
$$Y = 8,$$

则
$$D = 9.433981132。$$

再按 $\boxed{\text{EXE}}$ 键，重新输入

$$X = 56.36,$$
$$Y = -34.25,$$

则
$$D = 65.95083093。$$

（2）CALC 命令计算方法二

在普通计算界面，输入 $A + B$，如果按 $\boxed{\text{EXE}}$ 键，屏幕一般显示 0。按 $\boxed{\text{CALC}}$ 键显示如下界面

$$A + B$$
$$A = 0$$
$$B = 0$$

当光标在 $A = 0$ 的时候，输入 A 值，如 30。当光标在 $B = 0$ 的时候输入 B 值，如 50。按 $\boxed{\text{EXE}}$ 键计算出答案。

再按 $\boxed{\text{EXE}}$ 键则重新开始计算。

2.6.2　内置公式的计算

CASIO fx-5800P 计算器有 128 个内置公式，下面列出一些平常可能会用到的公式，见表 2-4。

表 2-4　CASIO fx-5800P 计算器的部分内置公式

序号	显示名称	公　式	功　能	备　注
1	2-Line Int	$\theta = \tan^{-1}\left(\dfrac{m_2 - m_1}{1 + m_1 m_2}\right)$	求两条直线的夹角	
2	Area&IntAngl	$A = \cos^{-1}\sqrt{\dfrac{b^2 + c^2 - a^2}{2bc}}$	根据三角形的三条边求三个内角	

（续）

序号	显示名称	公 式	功 能	备 注
3	AxisMov&Rota	$X_P = (x_P - x_0)\cos\alpha + (y_P - y_0)\sin\alpha$ $Y_P = (y_P - y_0)\cos\alpha - (x_P - x_0)\sin\alpha$	坐标转换计算	
4	C-PointCoord	$\text{Pol}(X_B - X_A, Y_B - Y_A)$ $X_P = l \cdot \cos\alpha + X_A$ $Y_P = l \cdot \sin\alpha + Y_A$	求直线上任一点的坐标	
5	Coord Calc	$X_P = l \cdot \cos\alpha + X_A$ $Y_P = l \cdot \sin\alpha + Y_A$	根据直线一端点坐标和直线长度及方位角求另一点坐标	
6	CosinTheorem	$a = \sqrt{b^2 + c^2 - 2bc\cos A}$	余弦定理，根据三角形两条边长及夹角求对边边长	
7	Dist&DirecAn	$\text{Pol}(X_B - X_A, Y_B - Y_A)$	根据直线两点坐标求直线长度及方位角	
8	IntsecCoordl	$x = \dfrac{nX_3 - mX_1 + Y_1 - Y_3}{n - m}$ $y = m(x - X_1) + Y_1$ $\left(m = \dfrac{Y_2 - Y_1}{X_2 - X_1} \right.$ $\left. n = \dfrac{Y_4 - Y_3}{X_4 - X_3} \right)$	求两直线（四个点坐标）交点坐标	
9	IntsecCoord2	$x = \dfrac{nX_3 - mX_1 + Y_1 - Y_3}{n - m}$ $y = m(x - X_1) + Y_1$ $\left(m = \dfrac{Y_2 - Y_1}{X_2 - X_1} \right.$ $\left. n = \tan\alpha \right)$	求两直线（三个点坐标和一条直线的方位角）交点坐标	

（续）

序号	显示名称	公式	功能	备注
10	Point-Point	$l = \sqrt{(x_2 - x_1)^2 + (y_2 - y_1)^2}$	求两点之间的距离	
11	SineTheorem3	$a = \dfrac{b \cdot \sin A}{\sin B}$	正弦定理，根据三角形一条边及其对角，求另一个已知角的对边长	
12	V-Line&Dist	$x = \dfrac{mX_A + \dfrac{1}{m}X_C - Y_A + Y_C}{m + \dfrac{1}{m}}$ $y = Y_A + m(x - X_A)$ $l = \sqrt{(X_C - x)^2 + (Y_C - y)^2}$ $\left(m = \dfrac{Y_A - Y_B}{X_A - X_B}\right)$	根据一已知直线（两点坐标）和直线外一点，求点到直线距离和垂足坐标	

调用内置公式时，可在 COMP 模式下，按 FMLA 键，此时屏幕显示按字母顺序排序的公式名称。按上下键找到需要用的公式按 EXE 键就可执行该公式。

如选择公式 CirceoneVol 计算体积

$$V = \frac{1}{3}\pi r^2 h \tag{2-3}$$

式中　r——锥体底面的半径（m）；

　　　h——锥体的高度（m）；

　　　V——锥体的体积（m³）。

$$r = 10$$
$$h = 5$$
$$V = (1 \lrcorner 3)\pi r^2 h = 523.5987756$$

2.6.3　用户公式的计算

除了屏幕公式和内置公式，CASIO fx-5800P 计算器还有用户公式，即用户将某个公式存储在计算器内供需要时调用，这个公式称为用户公式。

创建和保存新公式的操作需要在程序模式（PROG 模式）下进行，其操作与创建和保存程序的步骤相同，只是在输入文件名后按 EXIT 键执行保存时，计算器会显示程序运行模式的选择屏幕，此时按 3 键选择 Formula 选项即可。

公式变量只能用 $A \sim Z$ 之间的字母，不能用额外变量，这是与程序编辑的不同之处。

调用用户公式的方法是按 FMLA 键调出内置公式，并给变量赋值，即可计算出结果。

示例如下：

1）按 MODE 5 键进入编程状态。

2）按 1 键选择新建程序，并输入文件名，如 "GS"。

3）按 3 键选择 Formula 文件模式。

4）在屏幕上输入公式：$S = D\tan(K) + I - V$ 并退出，即可保存公式。

5）按 MODE 1 键进入 COMP 状态，按 FMLA 键，按 1 键选择 Original 选项，选择对应的用户公式，如 "GS"，并按 EXE 键。

6）输入以下观测数据

$$D = 80$$
$$K = -5°30'18''$$
$$I = 1.57$$
$$V = 2.76$$

7）则公式计算出：$S = D\tan(K) + I - V = -8.90016996$

2.6.4 微积分计算

（1）微分计算

CASIO *fx*-5800*P* 计算器可以计算函数 $y = f(x)$ 在 $x = a$ 处的一次微分值或二次微分值。

一次微分表达式为 $f'(a) = \dfrac{\mathrm{d}f}{\mathrm{d}x}\Big|_{x=a}$，其输入格式为 $\mathrm{d}/\mathrm{d}x(f(x), a, \Delta x)$。

二次微分表达式为 $f''(a) = \dfrac{\mathrm{d}^2 f}{\mathrm{d}x^2}\Big|_{x=a}$，其输入格式为 $\mathrm{d}^2/\mathrm{d}x^2(f(x), a, \Delta x)$。

符号 $\mathrm{d}/\mathrm{d}x(f(x), a, \Delta x)$ 和 $\mathrm{d}^2/\mathrm{d}x^2(f(x), a, \Delta x)$ 在 FUNCTION 1 2 中输入。

为提高精度，Δx 一般输入一个很小的数，如 1×10^5，也可以省略。

例1：求函数 $y = 2x^3 + 3x^2 - x + 5$ 在 $x = 4$ 上的导数，则输入 $\mathrm{d}/\mathrm{d}x(2x^3 + 3x^2 - x + 5, 4)$ 后，计算结果为119。

例2：求函数 $y = 2x^3 + 3x^2 - x + 5$ 在 $x = 3$ 上的二次微分值，则输入 $\mathrm{d}^2/\mathrm{d}x^2(2x^3 + 3x^2 - x + 5, 3)$ 后，计算结果为42。

例 3：求函数 $y = \sin x - \cos x$ 在 $x = 30°$ 上的导数，则输入 d/dx($\sin(x) - \cos(x)$，$\pi \div 6$) 后，计算结果为 0.017612。

（2）定积分计算

定积分 $\int_a^b f(x)\mathrm{d}x$ 的表达式输入格式为 $\int (f(x), a, b, tol)$。按 $\boxed{\text{FUNCTION}}$ $\boxed{1}$ $\boxed{1}$ 键输入。

例 4：要计算 $\int_{a_1}^4 (2x^3 + 3x^2 - x + 5)\mathrm{d}x$ 的值，则输入 $\int (2x^3 + 3x^2 - x + 5, 1, 4)$ 后，计算结果为 198。

2.6.5 矩阵计算

在 CASIO fx-5800P 计算器中可以完成矩阵的计算。该型号计算器共有 Mat **A**、Mat **B**、Mat **C**、Mat **D**、Mat **E**、Mat **F**、Mat **Ans** 七个矩阵存储器。矩阵的行列数最大为 10×10。计算时，可以输入 Mat **A** ~ Mat **F** 六个矩阵，而 Mat **Ans** 矩阵仅用于存储矩阵运行结果。

在两个矩阵 **A**、**B** 的行列数相等时，可以完成两矩阵之间的加或减。在矩阵 **A** 的列数与 **B** 矩阵的行数相等时，可以完成两矩阵之间的乘积计算。

按 $\boxed{\text{FUNCTION}}$ $\boxed{8}$ $\boxed{1}$ 键可以选择 EDIT 定义矩阵，或输入与编辑矩阵中的数值。例如定义矩阵 Mat **A** 为 2×2 的矩阵，则 $m = 2$，$n = 2$，并在其中输入数据，如 $\begin{bmatrix} 2 & 0 \\ 3 & -1 \end{bmatrix}$。

按 $\boxed{\text{FUNCTION}}$ $\boxed{8}$ $\boxed{2}$ 键选择 Mat，可以输入矩阵的符号 Mat。

按 $\boxed{\text{FUNCTION}}$ $\boxed{8}$ $\boxed{3}$ 键选择 det，可以计算出矩阵的行列式值，如 det（Mat **C**）。例如要求矩阵 Mat **A** 行列式的值，则计算 $\begin{bmatrix} 2 & 0 \\ 3 & -1 \end{bmatrix}$ 的行列式的值为 -2。

按 $\boxed{\text{FUNCTION}}$ $\boxed{8}$ $\boxed{4}$ 键可以选择 Trn，可以求出矩阵的转置矩阵，如 Trn（Mat **A**）。例如要求矩阵 Mat **A** 转置矩阵，则 $\begin{bmatrix} 2 & 0 \\ 3 & -1 \end{bmatrix}$ 的转置矩阵为 $\begin{bmatrix} 2 & 3 \\ 0 & -1 \end{bmatrix}$。

矩阵计算的结果存储在 Mat **Ans** 中，如要将结果保存在 Mat **E** 中，则只需要执行操作：Mat **Ans**→Mat **E** 即可。

2.6.6 复数计算

在 CASIO fx-5800P 计算器以及一些高端图形计算器中，复数可用于编程计算，特别是在直角坐标和极坐标的转换过程中。

复数的表示方法通常是 $a+b\mathrm{i}$。a 是实部，b 是虚部，i 是复数的符号。以实部为横轴，虚部为纵轴建立平面坐标系，则 $r=\sqrt{a^2+b^2}$ 为复数 $a+b\mathrm{i}$ 的模，$\theta=\tan^{-1}\left(\dfrac{b}{a}\right)$ 称为复数 $a+b\mathrm{i}$ 的辐角，如图 2-14 所示。

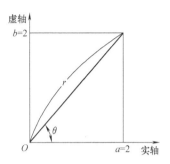

图 2-14　复数的模和辐角

复数 $a+b\mathrm{i}$ 属直角坐标格式，在 CASIO *fx*-5800*P* 计算器中，复数还有另外一种表示方式，即极坐标格式，以 $r\angle\theta$ 表示。两种格式可以相互转换。

CASIO *fx*-5800*P* 计算器提供了七个复数计算函数，按 $\boxed{\text{FUNCTION}}$ $\boxed{2}$ 键可以调出复数计算函数菜单屏幕，如图 2-15 所示。

图 2-15　复数计算函数

该函数在测量中可以进行坐标反算和坐标正算。将 X 坐标增量和 Y 坐标增量写成实部和虚部，从而直接计算模和辐角，也就是求出两点间的水平距离和方位角。如果以极坐标的方式表示复数，则转换成直角坐标形式就计算出了纵横坐标增量。

例如：将直角坐标 $100+200\mathrm{i}$ 转换为极坐标形式，则只需要在输入 $100+200\mathrm{i}$ 后，按 $\boxed{\text{FUNCTION}}$ $\boxed{2}$ $\boxed{6}$ $\boxed{\text{EXE}}$ 键，即得 $223.6067977\angle63.43494882$。前者为水平距离，后者为方位角的十进制度数形式。

例如：将极坐标 $223.6\angle63°26'06''$ 转换为直角坐标形式，则只需要在输入 $223.6\angle63°26'06''$ 后，按 $\boxed{\text{FUNCTION}}$ $\boxed{2}$ $\boxed{7}$ $\boxed{\text{EXE}}$ 键，即得 $99.997+199.994\mathrm{i}$。前者为纵坐标增量，后者为横坐标增量。

2.6.7 方程式计算

CASIO *fx*-5800P 计算器提供了二元一次方程、三元一次方程、四元一次方程、五元一次方程、一元二次方程、一元三次方程共六种方程形式。用方程式进行计算时,只需要在屏幕上填写方程式系数后,即可求出方程式的解。

按 MODE 8 键进入方程式计算模式,选择上述六种方程式之一,则屏幕上会显示方程式系数编辑器。完成系数输入后,按 EXE 键,就可求出方程式的解。

例如:某方程为一个四元一次方程组,如下

$$\begin{cases} 3.80x_1 + 4.15x_2 - 0.95x_3 + 5.26x_4 = 5.00 \\ 3.31x_1 + 2.71x_2 + 1.94x_3 - 0.98x_4 = -6.50 \\ 1.82x_1 + 2.00x_2 + 1.52x_3 + 5.12x_4 = 7.50 \\ 4.99x_1 + 3.65x_2 - 0.95x_3 + 5.25x_4 = 5.00 \end{cases}$$

$$X = -0.4231696011(表示 x_1 的值)$$
$$Y = -1.048368449(表示 x_2 的值)$$
$$Z = -0.1227912506(表示 x_3 的值)$$
$$T = 2.061239897(表示 x_4 的值)$$

其他方程式类此进行计算。

2.6.8 用 SOLVE 键完成方程式计算

在普通计算界面,输入 $A + B = C$,如果按 EXE 键,屏幕一般显示 0。按 SOLVE 键显示如下界面

$$A + B = C$$
$$A = 30$$
$$B = 50$$
$$C = 0$$

当光标在 $A = 0$ 的时候输入 A 值,如 30。当光标在 $B = 0$ 的时候输入 B 值,如 50。移动光标到 $C = 0$,按 SOLVE 键,方程求解完成。

$$A + B = C$$
$$C = 80$$
$$L - R = 0$$

上式中 $L - R$ 起检核作用,即等式左右相当,相减为 0。

如输入 A、C 的值后,把光标移到 "$B =$" 后,再按 SOLVE 键,则求解出 B 值。

练 习 题

2-1　CASIO *fx*-5800*P* 计算器的键盘主要分为哪几个区域？各有什么键？

2-2　CASIO *fx*-5800*P* 计算器的计算模式主要有哪些？

2-3　要完成日常测量计算，一般需要做哪些设定？

2-4　CASIO *fx*-5800*P* 计算器的 FUNCTION 菜单各有哪些功能？

2-5　说明直角坐标和极坐标换算函数的使用方法。

2-6　CASIO *fx*-5800*P* 计算器有多少个存储键？使用时如何操作？

2-7　举例说明如何定义和使用额外变量？

2-8　调查本班 10 个同学的身高，并用计算器进行统计计算。

2-9　调查本班 10 个同学的身高和体重，并进行回归计算，写出最佳的回归方程。

2-10　以三角形面积计算公式 $S = \dfrac{1}{2}ab\sin C$ 为例，先存入屏幕公式，再调用进行多个三角形面积的计算。

第3章

编程基础知识

✎ 内容概述

本章主要介绍计算器编程中的变量与常量、建立程序的步骤、输入及运行程序的方法。重点说明在计算器编程过程中使用频率最高的转移语句、条件语句、循环语句、子程序和额外变量的语法格式和应用技巧。

🔍 知识目标

1. 了解常量和变量的基本概念。

2. 掌握 CASIO fx-5800P 程序计算器的程序输入和程序运行方法。

3. 掌握 CASIO fx-5800P 程序计算器编程中的转移语句、条件语句、循环语句、子程序及额外变量的语法规则。

3.1 变量和常量

计算器编程中的常量与计算机编程中的常量稍有不同，它是指在程序执行中，从计算开始到计算结束，只输入一次已知数据的量（我们将其称为常量）。即在程序运算过程中只输入一次数据，不再输入别的数据。这个数据是已知数据，是个不变数，是常量。比如，常数 206265 可以放在字母 P 中，编程过程中，就可以用 P 代替 206565 这一数值了，这个 P 就是常量。

所谓变量，在程序执行中，从计算开始到计算结束，每需计算一个结果，就要重新输入一个数据（这个数据被称为变量）。即在程序运算过程中，这个变量输入的数据是个变数。每输入一个数据，就有一个新的计算结果。比如在极坐标放样要素计算程序中，待放样点的 X、Y 坐标就在不断变化，每输入一个点的坐标，就计算出放样要素的角度和距离，这里输入的坐标 X、Y 就是变量。

例如，水准前视法测高计算公式为

$$Z + A - B = H \tag{3-1}$$

式中　Z——已知水准点高程（m）；

　　　A——该点水准标尺度数（m）；

　　　B——待测点上水准标尺读数（m）；

　　　H——高程，因不同的读数 B，产生的不同的计算结果（m）。

在一个测站上，Z 和 A 为常量，前视读数 B 为变量，计算结果 H 也是变量。当然，针对不同的测站，也可以认为 Z、A、B、H 均为变量。

无论是常量，还是变量，通过键盘输入数值的方法是类似的。如针对式（3-1）编写程序时，可以用以下语句输入：

"Z = "? Z ↵	键盘输入 Z 值
"A = "? A ↵	键盘输入 A 值
"B = "? B ↵	键盘输入 B 值
"H = ": Z + A – B→H ◢	显示 H 值
"END"	结束

需要说明的是，在 CASIO fx-5800P 计算器以上版本的图形计算器中，如 CASIO fx-7400、CASIO fx-9750、CASIO fx-9860 等计算器，则不能省略 "→" 赋值符号，只能用下列方式表示：

"Z = "? →Z ↵	键盘输入 Z 值
"A = "? →A ↵	键盘输入 A 值
"B = "? →B ↵	键盘输入 B 值
"H = ": Z + A – B→H ◢	显示 H 值
"END"	结束

而在 CASIO fx-5800P 计算器中，上述两种方式都可以使用，主要是与 CASIO fx-5800P 计算器以前的版本兼容，如 CASIO fx-4850P 计算器、CASIO fx-4800P 计算器、CASIO fx-4500P 计算器等。

在 CASIO fx-5800P 计算器中，虽然 "A = "? A 语句和 "A = "? →A 语句可以相互替代，但还是有很大的区别。两者在程序初次运行时，没有区别，但当程序再次运行时，前者会显示字母 A 中的原有数值，而后者则显示"$A=$"?，等待输入。总体来说，前者在调试程序和计算过程中，会更方便一些。

3.2 程序的输入与运行

3.2.1 输入程序

在 CASIO fx-5800P 计算器中，如果要新建一个程序，则按 $\boxed{\text{MODE}}$ $\boxed{5}$（Prog）键，此时屏幕显示程序菜单，如图 3-1 所示。

图 3-1 程序模式菜单

按 $\boxed{1}$ 键创建新程序，此时计算器锁定字母输入状态，屏幕状态栏左上方显示 A，并在光标闪烁处等待用户输入新程序的文件名，如图 3-2 所示。

图 3-2 输入新建程序文件名

所输入的程序文件名最多有 12 个字符。有效字符包括英文字母、顿号、空格、数字 0~9、小数点、运算符号（ + − × ÷）等。程序名可用英文或拼音命名，便于记忆。一个文件名不论长短，均会占用 12 字节的存储容量。

输入文件名并按 $\boxed{\text{EXE}}$ 键后，屏幕会出现如图 3-3 所示的程序运行模式菜单选项。

图 3-3 程序运行模式菜单

程序运行模式共有三种：一是在 COMP 模式中执行的计算，包括矩阵、复数和统计计算；二是在 BASE – N 模式下执行的基数计算；三是公式类型的计算，主要是用户公式 Formula 的计算。

上述三种模式中，第二种很少用到，而 Formula 主要用于定义用户公式，也不经常使用。所以，用得最多的是在 COMP 模式中进行的计算。

按 $\boxed{1}$ 键，选择 COMP 模式，即可进入程序输入编辑界面。如果是新建程序，屏幕呈空屏状态，仅在第一行第一列有一个光标在闪烁。在此状态下，可以逐行输入程序内容并按 $\boxed{\text{EXE}}$ 键。当所有程序内容输入完毕后，即可保存程序内容并返回到上一级主菜单界面，如图 3-1 所示。

例如，根据半径计算圆的周长、球体的表面积和球体的体积，则输入如下文件名为"RLSV"的程序：

"R ="? R ↵	键盘输入半径 R 值
"L =": $2 \times \pi \times R$ ◢	显示周长
"S =": $4 \times \pi \times R^2$ ◢	显示表面积
"V =": $4 \div 3 \times \pi \times R \wedge (3)$ ◢	显示体积（"∧"用"X▪"输入）
"END"	结束

3.2.2 运行程序

在 CASIO *fx*-5800P 计算器中，运行程序有以下三种方式：

1）在程序菜单下选择 RUN 运行程序。

2）在普通计算模式下，按 $\boxed{\text{FILE}}$ 键来运行程序。

3）在普通计算模式下，按 $\boxed{\text{SHIFT}}$ $\boxed{\text{PROG}}$ 键来运行程序，例如 $\boxed{\text{SHIFT}}$ $\boxed{\text{PROG}}$ + "RLSV"。

运行上述程序时，按照屏幕的提示，先输入半径 R 值，如 10，并按 $\boxed{\text{EXE}}$ 键，则计算器显示圆的周长 $L = 62.831$，然后按 $\boxed{\text{EXE}}$ 键，则显示球体的表面积 $S = 1256.637$，再按 $\boxed{\text{EXE}}$ 键，则显示球体的体积 $V = 4188.790$。

计算完成后，再接着按 $\boxed{\text{EXE}}$ 键，则程序又重新开始执行。

如果要退出程序的运行状态，则按两次 $\boxed{\text{AC}}$ 键即可。

3.2.3 编程时所用到的主要符号

CASIO *fx*-5800P 计算器在将程序输入计算中时，所用到的符号除了在计算器面板上的个别符号外，其余均可按 FUNCTION 3 键在 PROG 当中找到。符号主要有：

: （分隔符）——语句分隔符号，相当于 EXE 键。

◢——显示输出命令。

↵——回车符号，即换行命令，等同于一个 "：" 的功能。

? ——变量键盘输入命令。

→——变量赋值命令。

If Then Else IfEnd——条件语句。

Lbl——行号标记符，Lbl 0～9，Lbl A～Z。

Goto——无条件转移命令。

= ≠ ＞ ＜ ≥ ≤——数学运算符。

Dsz——减 1 计数循环。

Isz——加 1 计数循环。

⇒——执行语句命令，可代替条件语句 If……Then……IfEnd。

Locate——屏幕光标定位。

Cls——清除屏幕命令。

And、Or、Not——逻辑运算符。

For To Step Next——循环语句。

While～WhileEnd——循环语句。

Do～LpWhile——循环语句。

Break——暂停语句。

Return——子程序返回主程序的返回命令。

Stop——强制终止程序命令。

Getkey——返回按键代码命令。

3.3 转移语句

在 CASIO fx-5800P 计算器的编程过程中，无条件转移语句是使用频率较高的，其语法规则较为简单。

1）语法如下：

Goto n

……

Lbl n

或

Lbl *n*

······

Goto *n*（*n* 是从 0 到 9 之间的整数）

或

Lbl *E*

······

Goto *E*

（*E* 是从 *A* ~ *Z* 的变量名称）

功能：Goto *n* 会转移到相应的 Lbl *n*，实现无条件的转移。

值得注意的是，如果在 Goto *n* 所处的同一程序中没有相应的 Lbl *n*，则会发生转移错误（GoERROR）。

2）示例 1：四则运算。

"A ="? A ↵	键盘输入 A 值
Lbl 1 ↵	语句标号
"B ="? B ↵	输入 B 值
A × B ÷ 2 ◣	显示计算结束
Goto 1 ↵	转移到语句 Lbl 1

运行程序时，键盘输入 "$A =$" 4，然后再输入 "$B =$" 5，则显示计算结果为 10，再按 EXE 键，然后继续输入新的 A、B 值，又重新计算出另一结果，实现了无条件转移功能。

3）示例 2：散点坐标计算。

Fix 3："X1 ="? A："Y1 ="? B ↵	设置小数取位，键盘输入 X_1、Y_1 值
Lbl 1 ↵	语句标号
"FWJ ="? C ↵	输入方位角
"DIST ="? D ↵	输入距离
"X2 ="：A + Dcos(C) ◣	计算 X_2 值
"Y2 ="：B + Dsin(C) ◣	计算 Y_2 值
Goto 1 ↵	转移到 Lbl 1 执行

程序运行时，输入 $A = 100$，$B = 100$，$FWJ = 100$，$DIST = 30$，结果显示：

$$X_2 = 94.791$$
$$Y_2 = 129.544$$

4）上述程序如果改为以下程序，则在键盘输入数据时，则会有较大的不同，但计算结果一样。请多运行几次，并注意体会其中的差别。

Fix 3：" X1 = "？ →A："Y1 = "？ →B ↵	设置小数取位，键盘输入 X_1、Y_1 值
Lbl 1 ↵	语句标号
"FWJ = "？ →C ↵	输入方位角
"DIST = "？ →D ↵	输入距离
"X2 = "：A + Dcos（C） ◣	计算 X_2 值
"Y2 = "：B + Dsin（C） ◣	计算 Y_2 值
Goto 1 ↵	转移到 Lbl 1 执行

3.4 条件语句

3.4.1 条件语句格式1（If……Then……Else……IfEnd）

1）语法如下：

If（条件表达式）

Then （表达式）

Else （表达式）

IfEnd

……

该条件语句的功能是当条件为真时，则执行 Then 后面的语句；当条件为假时，则执行 Else 后面的语句，然后再执行 IfEnd 后面的语句（无论真假均要执行）。

2）示例如下：

"A = "？ →A ↵	键盘输入 A 值
If A < 10 ↵	如果 A 小于10
Then 10A ◣	则输出 $10 \times A$ 的值
Else 9A ◣	否则输出 $9 \times A$ 的值
IfEnd ↵	条件语句结束
Ans × 1.5 ◣	再用上一步计算答案乘以1.5
"END"	结束

运行程序，输入5，结果显示为50，再按 EXE 键显示为75。

如果输入 12，结果显示为 108，再按 $\boxed{\text{EXE}}$ 键显示为 162。

3）"Else（表达式）"可以省略，示例如下：

"A ="? →A ↵	键盘输入 A 值
If A > 10 ↵	如果 A 大于 10
Then 10 × A→A ↵	则输出 10 × A 的值
IfEnd ↵	条件语句结束
Ans × 1.5 ◢	再用上一步计算答案乘以 1.5
"END"	结束

运行程序，输入 20，显示为 300。

4）上例也可写成一行或多行，例如：

"A =":? →A：If A > 10：Then 10A→A：IfEnd：Ans × 1.5

在编程过程中，"："等同于"↵"，请注意体会两者之间的区别。

3.4.2　条件语句格式 2（……⇒……）

语法：（条件表达式）⇒（语句 1）：（语句 2）：……

这是一个条件分支命令。如果⇒命令左侧的条件为真，则执行（语句 1），然后执行（语句 2）及其以后的所有语句。如果⇒命令左侧的条件为假，则跳过（语句 1），直接执行（语句 2）及其后面的所有语句。

例如：

Lbl 1 ↵	语句标号
? A ↵	输入 A 值
A ≥ 0 ⇒ $\sqrt{\ }$ (A) ◢	如果 A 大于等于 0 则显示计算结果
Goto 1 ↵	返回语句 Lbl 1

运行程序，输入 $A = 64$，则显示 8。

如果输入 $A = -16$，则不进行任何计算，继续重新输入 A 值。

3.4.3　两种条件语句的比较

两种条件语句是可以相互代替的，并且可以嵌套，在 CASIO fx-5800P 计算器中，条件语句的嵌套最多可达 10 层。下面举例对两种语句进行比较，例如：

1）使用 If 语句。

"A = "? A ↵	键盘输入后视边方位角
"B = "? B ↵	键盘输入水平角
A + B→F ↵	计算前视边反方位角
If F < 180 ↵	如果小于 180
Then F + 180→F ↵	则加 180
Else F − 180→F ↵	否则减 180
IfEnd ↵	条件语句结束
"FWJ = ": F ◣	显示前视边方位角
"END"	结束

运行程序，输入 $A = 56$，$B = 23$，则计算出 $FWJ = 259$。

如果输入 $A = 156$，$B = 123$，则计算出 $FWJ = 99$。

2）使用⇒语句。

"A = "? A ↵	输入后视边方位角
"B = "? B ↵	输入水平角
A + B − 180→F ↵	计算前视边方位角
F < 0⇒F + 360→F ↵	如果方位角小于 0，则加 360
"FWJ = ": F ◣	显示方位角
"END"	结束

运行程序，输入 $A = 155$，$B = 129$，则计算出 $FWJ = 104$。

如果输入 $A = 55$，$B = 29$，则计算出 $FWJ = 264$。

3.4.4　If 语句可以用 And、Or、Not 等逻辑运算符

例如：

? A:? B ↵	键盘输入 A、B 值
If A = 2 And B > 0 ↵	如果 A 等于 2 和 B 大于 0
Then A ÷ B→C ↵	则计算 A ÷ B 值
Else B ÷ A→C ↵	否则计算 B × A
IfEnd ↵	条件语句结束
"C = ": C ◣	显示计算结果
"END"	程序结束

运行程序，输入 $A = 5$，$B = 12$，则计算出 $C = 2.4$。

如果输入 $A = 2$，$B = 12$，则计算出 $C = 0.167$。

3.5 循环语句

循环语句有 For 循环、Do 循环、While 循环三种基本形式，在编程过程中各有特点，可根据编程需要进行选择。

3.5.1 For 循环

（1）语法

For〈表达式（始值）〉→〈变量（控制变量）〉To〈表达式（终值）〉Step〈表达式（步长）〉

〈语句〉

……

〈语句〉

Next

……

（2）功能

For 到 Next 之间的语句重复执行，每次执行时，控制变量都加步长值（从始值开始）。

（3）示例

For 1→A To 10 Step 0.5 ↵	循环语句，A 为循环变更，从 1 到 10，步长 0.5
A×2→B ↵	计算 B 值
B ◣	显示 B 值
Next ↵	循环语句

（4）其他形式

当步长为 1 时，Step 可以省略。如上例的步长由 0.5 改为 1，则程序可以改为：

For 1→A To 10 ↵	循环语句，A 为循环变更，从 1 到 10
A×2→B ↵	计算 B 值
B ◣	显示 B 值
Next ↵	循环语句

再举一个例子，说明该循环语句的用法。例如，要计算 $2^0 + 2^1 + 2^2 + \cdots + 2^{62} + 2^{63}$ 的值，则用 For 循环语句编写的程序如下：

0→S ↵	把 0 赋值给 S
For 0→I To 63 ↵	循环语句，I 为循环变量

S + 2∧(I)→S ↵	求和并存入 S
Next ↵	循环语句
"S =": S ◢	显示 S 值
"END"	结束

运行程序，得 $S = 1.844674407 \times 10^{19}$。

（5）注意事项

For 语句始终伴随有 Next 语句。使用 For 而没有相应的 Next 将产生语法错误（SyntaxERROR）。

3.5.2 Do 循环

（1）语法

Do

〈语句〉

……

〈语句〉

LpWhile 〈条件语句〉

（2）功能

只要 LpWhile 后面的条件语句为真（非零），则从 Do 到 LpWhile 之间的语句就会重复。由于在执行 LpWhile 之后评估该条件，所以从 Do 到 LpWhile 之间的语句至少执行一次。

（3）示例

Do：? →A	Do 循环语句开始，键盘输入 A 值
A×2→B：B ◢	计算 B 值，并显示
LpWhile B > 10	循环条件
"END"	结束

注意：LpWhile 在功能菜单上选择"Lp·W"即可输入。

运行程序，如果输入 $A = 6$，则计算显示出 $B = 12$，并循环输入 A 值。

如果输入 $A = 5$ 或以下各值，则计算出 $B = 10$ 后，不再循环，程序运行结束。

例如，要计算 $2^0 + 2^1 + 2^2 + \cdots + 2^{62} + 2^{63}$ 的值，则用 Do 循环语句编写的程序如下：

0→S ↵	将 S 置 0
0→I ↵	将 I 置 0
Do ↵	Do 循环

$S + 2 \wedge I \rightarrow S$ ↵	对每项求和并存入 S
$I + 1 \rightarrow I$ ↵	循环变量增加
LpWhile $I \leqslant 63$ ↵	循环条件
"S =": S ◣	显示 S 值

运行程序，得 $S = 1.844674407 \times 10^{19}$。

3.5.3　While 循环

（1）语法

While

……

WhileEnd

（2）功能

只要 While 后面的条件语句为真，则从 While 到 WhileEnd 之间的语句就会重复执行，直到条件为假时跳出该循环，执行循环体后面的语句。

（3）示例

$0 \rightarrow A$ ↵	将 A 置 0
$1 \rightarrow B$ ↵	将 1 输入 B
While $B \leqslant 100$ ↵	循环条件
$B + A \rightarrow A$ ↵	将 B 累加到 A 值中
$B + 1 \rightarrow B$ ↵	B 值每循环一次加 1
WhileEnd ↵	循环语句结束
"A =": A ◣	显示总和 A 值

注意，在功能菜单上选择"W·END"即可输入 WhileEnd。

运行程序，结果显示 $A = 5050$。

例如，要计算 $2^0 + 2^1 + 2^2 + \cdots + 2^{62} + 2^{63}$ 的值，则用 While 循环语句编写的程序如下：

$0 \rightarrow S$ ↵	将 A 置 0
$0 \rightarrow I$ ↵	将 I 置 0
While $I \leqslant 63$ ↵	循环条件
$S + 2 \wedge (I) \rightarrow S$ ↵	对每项累加求和
$I + 1 \rightarrow I$ ↵	循环变量每次加 1

WhileEnd ↵	循环语句结束
"S = ": S ◢	显示 S 值
"END"	程序结束

运行程序，得 $S = 1.844674407 \times 10^{19}$。

3.5.4 计数循环

（1）Dsz（减 1 计数循环）

Dsz（递减，如果等于 0 则跳过）。

句法：Dsz〈变量〉:〈语句1〉:〈语句2〉:……

功能：〈变量〉的值递减 1。〈变量〉值非零，则执行〈语句1〉，然后执行〈语句2〉以及后面的所有内容。〈变量〉值为零，则会跳过〈语句1〉和〈语句2〉而执行该命令后的所有内容。

示例 1：

10→A ↵	将 10 输入 A
0→C ↵	将 C 置 0
Lbl 1 ↵	语句标号
? →B ↵	输入 B 值
B + C→C ◢	将 B 值累加到 C 中
Dsz A ↵	循环变量递减 1
Goto 1 ↵	无条件转移语句
C ÷ 10 ◢	显示最终 C 值
"End"	结束

运行程序，输入 B 值并累加到 C 中，再显示出来……重复输入 10 个数，并累加显示到 C 中。

注：A 用于计数。

（2）Isz（加 1 计数循环）

Isz（递增，如果等于 0 则跳过）。

句法：Isz〈变量〉:〈语句1〉:〈语句2〉:……

功能：〈变量〉的值递增 1。〈变量〉值非零，则执行〈语句1〉，然后执行〈语句2〉以及后面的所有内容。〈变量〉值为零，则会跳过〈语句1〉而执行〈语句2〉及其后面的所有内容。

示例 2：

$-10 \to A$ ↵	将 -10 输入 A
$0 \to C$ ↵	将 C 置 0
Lbl 1 ↵	语句标号
$? \to B$ ↵	输入 B 值
$B + C \to C$ ↵	将 B 值累加到 C 中
Isz A ↵	循环变量递增 1
Goto 1 ↵	无条件转移语句
$C \div 10$ ◢	显示最终 C 值
"END"	结束

运行程序，输入 B 值并累加到 C 中，重复输入 10 个数，累加后得到计算值。例如，分别输入 1、2、3…10，则计算结果为 5.5。

注：A 用于计数。

3.6　子程序

3.6.1　子程序的概念

在一个程序中，如果某些内容完全相同或相似，为了简化程序，可以把这些重复部分写到另一个程序中，需要时用命令调用即可。所以被其他程序调用，在实现某种功能后能自动返回到调用程序的程序就是子程序。其实质就是从当前程序（主程序）执行另一个程序（子程序）。

子程序最后一条指令一定是返回指令，这样才能保证重新返回到调用它的主程序中去。

为了进一步简化程序，可以让子程序调用另一个子程序，这种程序的结构称为子程序嵌套。

需要说明的是，子程序、主程序与平时我们所编写的程序并无什么不同之处，子程序和主程序均是独立的程序。

3.6.2　语法

（1）调用

在主程序中，用 Prog "文件名" 命令，则会跳至该子程序并从头运行，即调用子程序。

（2）返回

子程序的最后一个语句是"Return"，当程序执行到子程序中的这一语句时，则返回到主程序中调用的位置，并继续执行主程序。

3.6.3 示例

（1）示例 1

==ZHUCHENGXU==（主程序）

0→D ↵	将 D 置 0
Lbl 1 ↵	语句标号
"A ="? →A："B ="→B ↵	键盘输入 A、B 值
Prog "ZICHENGXU" ↵	调用子程序
D + C→D ↵	将 C 累加到 D 中
If C =0：Then Goto 1：Else "D ="：D ◣	条件语句
IfEnd ↵	条件语句结束
"END"	主程序结束

==ZICHENGXU==（子程序）

(A + B)÷2→C ↵	计算 A、B 平均值存入 C
Return ↵	返回主程序

运行程序，输入 $A=10$，$B=20$，则进行子程序计算得 $C=15$，返回到主程序后再累加到 D 中，则显示 $D=15$。

如果算出的 C 值等于 0，则重复输入 A、B 的值。

（2）示例 2

==FWJJS==（主程序：方位角计算）

"F ="? F ↵	输入已知边的方位角，如 123°23′45″，按 123.2345 输入
F →D：Prog "DMS-DEG"：I →F ↵	调用子程序，转换为十进制度
"B ="? B ↵	输入水平角，如 228°05′17″，按 228.0517 输入
B →D：Prog "DMS-DEG"：I →B ↵	调用子程序，转换为十进制度
F + B − 180 →E ↵	计算未知边的方位角
E <0⇒E +360→E ↵	把小于 0 的角度换算成方位角

| "FWJ =": E▶DMS ◢ | 显示未知边的方位角 |
| "END" | 结束 |

== DMS-DEG == （将 123°23′45″ 化为以 123.395833° 表示的子程序）

Int（D）→K ↵	对 D 值取整
100×Frac（D）→L ↵	将 D 值取余数再乘 100，并存入 L
Int L →S ↵	对 L 取整，并存入 S
Frac L →T ↵	对 L 取余数，并存入 T
K + S ÷60 + T ÷36 →I ↵	对度、分、秒部分累加，并存入 I
Return ↵	返回主程序

运行程序，输入 $F = 123.2345$，$B = 228.0517$（F 表示 $123°23′45″$，B 表示 $228°05′17″$，但分别按 123.2345 和 228.0517 的形式输入），则计算出 $E = F + B - 180 = 171°29′02″$。

3.7　额外变量

CASIO fx-5800P 程序计算器所用的变量主要有 26 个英文字母（默认变量），但在编写一些较大的程序时，这些变量就不太够用，从而增加了编程的难度。对此，该型号计算器增加了额外变量的功能，拓展了变量的数量和范围，极大地方便了编程工作。

3.7.1　定义额外变量

例如，要增加 10 个额外变量，则只需要用 10→DimZ 语句定义即可。当显示器上显示"Done"时，表示已添加了指定数量的额外变量，同时会将 0 赋予所有额外变量。

通过上述操作，则创建了 $Z[1]$、$Z[2]$、$Z[3]$、……、$Z[10]$ 共 10 个额外变量。创建额外变量后，可以像操作默认变量（从 A 到 Z）一样，赋值并将其插入到计算中。请记住，额外变量的名称由字母"Z"后跟的方括号括起的值组成，如 $Z[5]$。

3.7.2　调用额外变量

创建额外变量后，可以用表达式向额外变量赋值，如 $3 + 5 → Z[5]$。

也可以像使用普通变量一样使用它，如 $5 + Z[5] → A$。

当 N 值不断变化时，还可以用 $Z[N]$ 代表多个额外变量。

如果要清除所有额外变量，可以使用 MEMORY 模式删除所有额外变量。

当希望删除当前位于计算器储存器中的所有额外变量时，执行以下操作即可：

0→DimZ EXE

3.7.3　额外变量程序示例

Deg：Fix 3；5→DimZ	设置角度单位为十进制，3 位固定小数显示
"X1 ="? →Z[1]："Y1 ="? →Z[2]↵	给额外变量赋值
"X2 ="? →Z[3]："Y2 ="? →Z[4]↵	给额外变量赋值
Pol((Z[3] – Z[1])，Z[4] – Z[2]) ↵	坐标反算
"S ="：I ◢	显示边长
J<0⇒J+360→J：J→Z[5]↵	将方位角存入额外变量
"FWJ ="：Z[5] ▶DMS ◢	显示方位角
"END"	结束

运行程序：输入 $X_1 = 302.853$，$Y_1 = 408.772$，$X_2 = 395.068$，$Y_2 = 377.155$ 则计算结果为

$$S = 97.485$$

$$FWJ = 341°04'30.4''$$

练 习 题

3-1　叙述在 CASIO fx-5800P 计算器中新建程序、编辑修改程序以及运行程序的步骤。

3-2　写出转移语句的语法格式，并以长、宽、高为变量，编程计算多个长方体的体积和表面积。

3-3　写出条件语句的语法格式，并以 a、b、c 为变量，编程求解方程 $9x^2 - 11x - 4 = 0$。

3-4　写出 For 循环的语法格式，并编程计算 $1 + \dfrac{1}{3} + \dfrac{1}{5} + \dfrac{1}{7} + \cdots + \dfrac{1}{101}$ 的值。

3-5　写出 While 循环的语法格式，并编程计算 $1 + 4 + 7 + 10 + \cdots + 121$ 的值。

3-6　写出 Do 循环的语法格式，并编程计算 $3^0 + 3^1 + 3^2 + \cdots + 3^{33}$ 的值。

3-7　如何定义额外变量？如何清除额外变量？试举例说明。

第4章

常见测量小程序

✎ 内容概述

本章主要给出了常见的测量小程序，包括坐标反算程序、坐标正算程序、极坐标放样计算程序、高程放样程序、极坐标法采集碎部点计算程序、平面坐标转换计算程序、经纬仪 1:500 测图坐标展点测图程序、宗地面积计算程序、测角前方交会计算程序以及建筑轴线偏移计算程序。

🔍 知识目标

针对书中的常见小程序，能够在 CASIO fx-5800P 程序计算器中输入程序、调试程序、运行程序。

4.1 坐标反算程序

所谓坐标反算，就是根据两点的坐标计算两点之间的水平距离和坐标方位角。

4.1.1 程序 1 及算例

（1）坐标反算程序 1

程序名：ZBFS1 本程序用于 CASIO fx-5800P 计算器

Deg：Fix3 ↵	设置角度和小数取位
"X1 = "? A："Y1 = "? B ↵	输入1号点的坐标
"X2 = "? P："Y2 = "? Q ↵	输入2号点的坐标
Pol(P − A,Q − B)↵	坐标反算
"D = "：I ◢	显示距离
If J < 0：Then J + 360→J：IfEnd ↵	将方位角限制在0°~360°之间
"FWJ = "：J ▶DMS ◢	显示方位角
"END"	程序结束

程序名：ZBFS2（本程序可用于 CASIO *fx*-7400*G*、9750*G*、9860*G*、*FD*10*Pro* 等型号的计算器）

Deg：Fix3 ↵	设置角度和小数取位
"X1 = "? →A："Y1 = "? →B ↵	输入1号点的坐标
"X2 = "? →P："Y2 = "? →Q ↵	输入2号点的坐标
Pol(P − A,Q − B)↵	坐标反算
"D = "：List Ans [1] ◢	显示距离
List Ans [2]→J	将方位角存入变量 *J* 中
If J < 0：Then J + 360→J：IfEnd ↵	将方位角限制在0°~360°之间
"FWJ = "：J ◢	显示方位角
"END"	程序结束

（2）算例

已知数据：1（310，208），2（105，176）。

经程序计算得

$$D = 207.483$$

$$FWJ = 188°52'19.7''$$

4.1.2　程序2及算例

本案例为一自动计算边长与方位角的程序。1~5点的坐标见表4-1，现要求计算1号点到其余各点的距离和方位角。

（1）坐标反算程序2

程序名：ZBFS3（本程序用于 CASIO *fx*-5800*P* 计算器）

Deg：Fix 3 ↵	设置角度单位为十进制度，3位小数显示

"X1 ="？A："Y1 ="？B ↵	提示输入起点1的坐标
Lbl 0："XN =,（<0 END）"？C ↵	提示输入目标点 N 的坐标，输入负数结束程序运行
While C >0："YN ="？D ↵	提示输入目标点 N 的 Y 坐标
Pol（C－A,D－B）：Cls ↵	调用极坐标函数，清除屏幕显示
If J <0：Then J＋360→F：Else J→F：IfEnd ↵	将方位角限制在0°～360°之间
"DIST 1 N（m）="：I ◢	显示水平距离
"FWJ 1 N（DMS）="：F▶DMS ◢	以度分秒形式显示反算出的方位角
Goto 0 ↵	返回 Lbl 0，重复输入端点的坐标
WhileEnd ↵	条件语句结束
"END"	程序结束

程序名：ZBFS4（本程序可用于 CASIO *fx*-7400*G*、9750*G*、9860*G*、FD10*Pro* 等型号计算器中）

Deg：Fix 3 ↵	设置角度单位为十进制度，3 位小数显示
"X1 ="？→A："Y1 ="？→B ↵	提示输入起点1的坐标
Lbl 0："XN =,（<0 END）"？→C ↵	提示输入目标点 N 的坐标，输入负数结束程序运行
While C >0："YN ="？→D ↵	提示输入目标点 N 的 Y 坐标
Pol（C－A,D－B）↵	调用极坐标函数，清除屏幕显示
List Ans［2］→J	将方位角存入变量 J 中
If J <0：Then J＋360→F：Else J→F：IfEnd ↵	将方位角限制在0°～360°之间
"DIST 1 N（m）="：List Ans［1］◢	显示水平距离
"FWJ 1 N（DMS）="：F ◢	以度分秒形式显示反算出的方位角
Goto 0 ↵	返回 Lbl 0，以重复输入端点的坐标
WhileEnd ↵	条件语句结束
"END"	程序结束

（2）算例

结果见表4-1。

表4-1 坐标反算数据

点 号	X坐标/m	Y坐标/m	边 号	距离/m	方 位 角
1	3885.634	3114.471	—	—	—
2	4281.739	3592.881	1→2	621.108	50°22′35.6″
3	3356.668	3419.507	1→3	610.616	150°01′46.1″
4	3373.397	2385.189	1→4	891.201	234°54′58.9″
5	3968.103	3005.750	1→5	136.460	307°10′54.1″

4.2 坐标正算程序

所谓坐标正算，即根据已知边长和方位角计算待定点的坐标。

4.2.1 程序1及算例

（1）坐标正算程序1

程序名：ZS-1（本程序用于 CSAIO *fx*-5800*P* 计算器）

Deg：Fix 3 ↵	设置角度单位为十进制，3位小数显示
"X0 ="? A："Y0 ="? B ↵	提示输入起点的坐标（A，B）
"S ="? S："F ="? F ↵	提示输入所求点的距离 L 和方位角 C
A + Scos(F)→X ↵	计算所求点的 X 坐标
B + Ssin(F)→Y ↵	计算所求点的 Y 坐标
"X ="：X ◢	显示所求点的 X 坐标
"Y ="：Y ◢	显示所求点的 Y 坐标
"END"	程序结束

程序名：ZS-2（本程序可用于 CASIO *fx*-7400*G*、9750*G*、9860*G*、FD10*Pro* 等型号计算器中）

Deg：Fix 3 ↵	设置角度单位为十进制，3位小数显示
"XO ="? →A："YO ="? →B ↵	提示输入起点的坐标（A，B）
"S ="? →S："F ="? →F ↵	提示输入所求点的距离 L 和方位角 C
A + Scos(F)→X ↵	计算所求点的 X 坐标
B + Ssin(F)→ Y ↵	计算所求点的 Y 坐标
"X ="：X ◢	显示所求点的 X 坐标
"Y ="：Y ◢	显示所求点的 Y 坐标
"END"	程序结束

（2）算例

已知数据：$X_0 = 310.068\text{m}$，$Y_0 = 947.192\text{m}$。

观测数据：$S = 185.062\text{m}$，$F = 278°35'20''$。

经程序计算得

$$X = 337.706\text{m}$$

$$Y = 764.205\text{m}$$

4.2.2 程序2及算例

（1）坐标正算程序2

程序名：ZS-3 （本程序用于 CASIO fx-5800P 计算器）

Deg：Fix 3 ↵	设置角度单位为十进制，3 位小数显示
"X1 = "? A："Y1 = "? B ↵	输入测站点的坐标
Lbl 1 ↵	设置语句标号
"FWJ = "? F："D = "? D ↵	输入测站点到未知点的距离和方位角
Rec(D,F) ↵	坐标正算
"X = "：A + I ◤	显示未知点的 X 坐标
"Y = "：B + J ◤	显示未知点的 Y 坐标
Goto 1 ↵	返回 Lbl 1 语句，重新输入距离和方位角，计算下一点

程序名：ZS-4 （本程序可用于 CASIO fx-7400G、9750G、9860G、FD10Pro 等型号计算器中）

Deg：Fix 3 ↵	设置角度单位为十进制，3 位小数显示
"X1 = "? →A："Y1 = "? →B ↵	输入测站点的坐标
Lbl 1 ↵	设置语句标号
"FWJ = "? →F："D = "? →D ↵	输入测站点到未知点的距离和方位角
Rec(D,F) ↵	坐标正算
"X = "：A + List Ans［1］◤	显示未知点的 X 坐标
"Y = "：B + List Ans［2］◤	显示未知点的 Y 坐标
Goto 1 ↵	返回 Lbl 1 语句，重新输入距离和方位角，计算下一点

（2）算例

已知数据：$X_1 = 1020.469\text{m}$，$Y_1 = 3827.093\text{m}$。

观测数据：$FWJ = 172°08'46''$，$D = 351.094\text{m}$。

经程序计算得

$$X = 672.668\text{m}$$

$$Y = 3875.069\text{m}$$

4.2.3 程序3及算例

（1）坐标正算程序3

程序名：ZS-5（本程序用于 CASIO *fx*-5800*P* 计算器）

Deg：Fix 3 ↵	设置角度单位为十进制，3 位小数显示
"XA ="? A："YA ="? B ↵	输入测站点 A 的坐标
"XB ="? C："YB ="? D ↵	输入后视点 B 的坐标
Pol(C − A,D − B)：J→F ↵	反算起始边方位角
Lbl 1 ↵	设置语句标号
"SPJ ="? N："S ="? S ↵	输入水平角（左角 +，右角 −） 和距离
"X ="：A + Scos(F + N)→X ◣	计算所求点的 X 坐标
"Y ="：B + Ssin(F + N)→Y ◣	计算所求点的 Y 坐标
Goto 1 ↵	返回 Lbl 1 语句，重新输入距离和水平角， 计算下一点

程序名：ZS-6（本程序可用于 CASIO *fx*-7400*G*、9750*G*、9860*G*、*FD10Pro* 等型号计算器中）

Deg：Fix 3 ↵	设置角度单位为十进制，3 位小数显示
"XA ="? →A："YA ="? →B ↵	输入测站点 A 的坐标
"XB ="? →C："YB ="? →D ↵	输入后视点 B 的坐标
Pol(C − A,D − B)：List Ans [2]→F ↵	反算起始边方位角
Lbl 1 ↵	设置语句标号
"SPJ ="? →N："S ="? →S ↵	输入水平角（左角 +，右角 −）和 距离
"X ="：A + Scos(F + N)→X ◣	计算所求点的 X 坐标
"Y ="：B + Ssin(F + N)→Y ◣	计算所求点的 Y 坐标
Goto 1 ↵	返回 Lbl 1 语句，重新输入距离和水 平角，计算下一点

（2）算例

已知数据：$X_A = 2874.095\text{m}$，$Y_A = 4633.018\text{m}$，$X_B = 2908.554\text{m}$，$Y_B = 4600.117\text{m}$。

观测数据：$SPJ = 201°14'07''$，$S = 229.341\text{m}$。

经程序计算得

$$X = 2662.119\text{m}$$
$$Y = 4720.560\text{m}$$

4.3 极坐标法放样计算程序

4.3.1 极坐标法放样原理

极坐标法放样，即是利用点位之间的角度和边长关系进行点位测设的方法。

如图 4-1 所示，A、B 为已知点（坐标已知），P 点为待定点（设计坐标已知），现欲根据控制点 A、B，把 P 点测设在实地，其步骤如下：

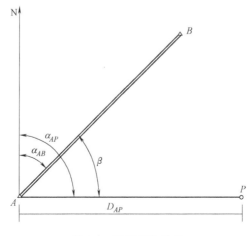

图 4-1　极坐标法放样

1）根据 X_A、Y_A、X_B、Y_B 计算已知点间方位角 α_{AB}；根据 X_A、Y_A、X_P、Y_P 计算已知点 A 与待定点 P 间的平距 D_{AP} 和方位角 α_{AP}；计算水平角 $\beta = \alpha_{AP} - \alpha_{AB}$。

2）求出测设数据 β 和 D_{AP} 后，即可在控制点 A 安置全站仪，瞄准 B 点，并将水平度盘置零，再旋转照准部以 β 角定出 AP 方向。

3）在望远镜视线方向上，来回移动棱镜，使距离为 D_{AP}，从而定出 P 点的位置，并在 P 点做上标记。

4）以相同方法再放样其他待定点。

极坐标法的关键是计算出放样要素，即图中的水平角和水平距离。

4.3.2 程序 1 及算例

（1）放样程序 1

程序名：JZB1-FW1（本程序用于 CASIO *fx*-5800*P* 计算器）

Deg：Fix 3 ↲	设置角度单位为十进制，3 位小数显示
"XA ="? A："YA ="? B ↲	输入测站点 *A* 的坐标
"XB ="? C："YB ="? D ↲	输入后视点 *B* 的坐标
Pol(C − A,D − B)：J→F ↲	反算起始边方位角
Lbl 1 ↲	设置语句标号
"XP"? P："YP"? Q ↲	输入待放样点 *P* 的坐标
Pol(P − A,Q − B) ↲	反算方位角和距离
J − F→N ↲	计算水平夹角
N < 0⇒N + 360→N ↲	如夹角为负，则加 360°
"N =": N▶DMS ◢	显示水平角（以度分秒形式显示）
"S =": I→S ◢	显示水平距离
Goto 1 ↲	返回 Lbl 1 语句，重新输入下一点，继续放样

程序名：JZB1-FW2（本程序可用于 CASIO *fx*-7400*G*、9750*G*、9860*G*、*FD*10*Pro* 等型号计算器中）

Deg：Fix 3 ↲	设置角度单位为十进制，3 位小数显示
"XA ="? →A："YA ="? →B ↲	输入测站点 *A* 的坐标
"XB ="? →C："YB ="? →D ↲	输入后视点 *B* 的坐标
Pol(C − A,D − B)：List Ans [2]→F ↲	反算起始边方位角
Lbl 1 ↲	设置语句标号
"XP"? →P："YP"? →Q ↲	输入待放样点 *P* 的坐标
Pol(P − A,Q − B) ↲	反算方位角和距离
List Ans [2] − F→N ↲	计算水平夹角
N < 0⇒N + 360→N ↲	如夹角为负，则加 360°
"N =": N ◢	显示水平角（以度分秒形式显示）
"S =": List Ans [1]→S ◢	显示水平距离
Goto 1 ↲	返回 Lbl 1 语句，重新输入下一点，继续放样

（2）算例

已知点：$A(3546.279, 8513.007)$，$B(2984.303, 8843.165)$。

待放样点：$P(3500, 8600)$。

计算的放样要素为

$$N = 328°26'46.8''$$

$$S = 98.537\text{m}$$

4.3.3 程序2及算例

（1）放样程序2

程序名：JZB2-XY1（本程序用于 CASIO fx-5800P 计算器）

Deg：Fix 3 ↵	设置角度单位为十进制，3位小数显示
"XA ="? A："YA ="? B ↵	输入测站点 A 的坐标
"XB ="? C："YB ="? D ↵	输入后视点 B 的坐标
If C = 0：Then D→F：Else Pol(C − A, D − B)：J→F：IfEnd ↵	如果已知测站坐标和后视边方位角，则 C 输入0，D 输入定向方位角
Lbl 1："XP"? P："YP"? Q ↵	输入待放样点 P 的坐标
Pol(P − A, Q − B) ↵	反算方位角和距离
J − F→N ↵	计算水平夹角
N < 0⇒N + 360→N ↵	如夹角为负，则加360°
"N ="：N▶DMS ◣	显示水平角（以度分秒形式显示）
"S ="：I→S ◣	显示水平距离
Goto 1	转移语句

程序名：JZB2-XY2（本程序可用于 CASIO fx-7400G、9750G、9860G、FD10Pro 等型号计算器中）

Deg：Fix 3 ↵	设置角度单位为十进制，3位小数显示
"XA ="? →A："YA ="? →B ↵	输入测站点 A 的坐标
"XB ="? →C："YB ="? →D ↵	输入后视点 B 的坐标
If C = 0：Then D→F：Else Pol(C − A, D − B)：List Ans [2]→F：IfEnd ↵	如果已知测站坐标和后视边方位角，则 C 输入0，D 输入定向方位角

Lbl 1: "XP"? →P: "YP"? →Q ↵	输入待放样点 P 的坐标
Pol(P − A,Q − B) ↵	反算方位角和距离
List Ans[2] − F→N ↵	计算水平夹角
N < 0⇒N + 360→N ↵	如夹角为负，则加 360°
"N = ": N ◣	显示水平角（以度分秒形式显示）
"S = ": List Ans [1]→S ◣	显示水平距离
Goto 1	转移语句

（2）算例

已知点：A (3546. 279,8513. 007)，α_{AB} = 149°33′57. 5″（**注**：输入时 $X_B = 0$，$Y_B =$ 149°33′57. 5″）。

待放样点：P （3500，8600）。

计算的放样要素为

$$N = 328°26′46. 8″$$

$$S = 98. 537\text{m}$$

4.4　高程放样程序

4.4.1　高程放样原理

高程放样，也称高程测设，如图 4-2 所示。测设设计高程是利用水准测量的方法，根据附近已知水准点 A 的高程和已知水准点上的后视读数 a，先求出水准视线高程，然后再根据水准视线高程和待测设点 B 的高程，反求出待测设点上应读的前视读数 b，前视水准尺的零端就是设计高程的位置，从而将设计高程放样到实地。

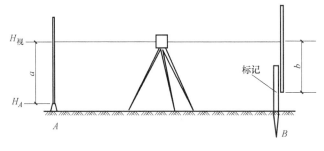

图 4-2　高程测设

操作步骤如下：

1）在已知水准点 A 点和待测设高程点 B 之间安置水准仪，立标尺在 A 点得后视

读数 a，则水准仪视线高为 $H_视 = H_A + a$；前视读数应为 $b_应 = H_视 - H_B$，式中 H_B 为待测设的设计高程。

2）在 B 点设木桩，在木桩侧面，上下移动标尺，当水准仪在标尺上的读数为 b 时，标尺底的位置即为要测设的标高位置。在紧靠标尺底部，于木桩侧面画一横线，并在横线下用红油漆画一倒三角形标记，也可在旁边注上标高。

4.4.2 程序及算例

（1）高程放样程序

程序名：GCFY（本程序还可用于 CASIO *fx*-7400*G*、9750*P*、9860*P* 等型号的计算器）

Fix 3：" HA = "？ →G ↵	输入后视已知水准点的高程 H_A
" A = "？ →A ↵	输入后视标尺的读数 a
Lbl 1 ↵	设置行号标记
" H = "？ →H ↵	输入待放样点 B 的设计标高 H
" B = "：G + A - H ◢	显示计算出的前尺读数 b
Goto 1 ↵	返回，放样下一设计标高

（2）算例

已知高程点 A 的标高：$G = 300.453\text{m}$。

安置水准仪后，A 点后尺读数：$a = 1.725\text{m}$。

现要放样 B 点的设计标高：$H = 301.200\text{m}$。

经程序计算得

$$b = 0.978\text{m}$$

4.5 极坐标法采集碎部点计算程序

4.5.1 极坐标法原理及公式

极坐标法是现代工程测量当中十分常见的测量方法。如图 4-3 所示，要测量碎部点 P 的 X、Y 坐标，则需要有两个已知点，即图中的 A、B 两点。测量时，在 A 点安置全站仪，后视 B 点，水平度盘置零，转动望远镜瞄准碎部点 P，测量水平角 β 和水平距离 D_{AP}，从而求得碎部点 P 的坐标。

其计算公式为

$$\alpha_{AP} = \alpha_{AB} + \beta \tag{4-1}$$

$$X_P = X_A + D_{AP}\cos(\alpha_{AP}) \tag{4-2}$$

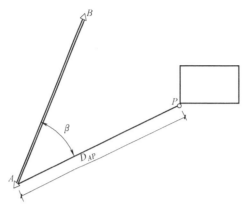

图4-3 极坐标法采集碎部点坐标

$$Y_P = Y_A + D_{AP}\sin(\alpha_{AP}) \tag{4-3}$$

4.5.2 程序及算例

本程序用测站点坐标、后视点坐标作为已知数据，后视方向的水平度盘置零，前视观测水平角和水平距离，从而求出前视点的 X、Y 坐标。

（1）碎部点计算程序

程序名：JZB-XY1（本程序用于 CASIO fx-5800P 计算器）

Deg：Fix 3 ↵	设置角度单位为十进制，3 位小数显示
"XA ="? A："YA ="? B ↵	输入测站点 A 的坐标
"XB ="? C："YB ="? D ↵	输入后视点 B 的坐标
If C = 0：Then D→F：Else Pol(C − A，D − B)：J→F：IfEnd ↵	如果已知测站坐标和后视边方位角则 C 输入 0，D 输入定向方位角
Lbl 1："SPJ ="? N："S ="? S ↵	输入水平角（左角 +，右角 −）和距离
"X ="：A + S × cos(F + N)→X ▰	计算所求点的 X 坐标
"Y ="：B + S × sin(F + N)→Y ▰	计算所求点的 Y 坐标
Goto 1 ↵	返回 Lbl 1 语句，重新输入距离和水平角，计算下一点

程序名：JZB-XY2（本程序可用于 CASIO fx-7400G、9750G、9860G、FD10Pro 等型号计算器中）

Deg：Fix 3 ↵	设置角度单位为十进制，3 位小数显示
"XA ="? →A："YA ="? →B ↵	输入测站点 A 的坐标

"XB ="? →C："YB ="? →D ↵	输入后视点 B 的坐标
If C = 0：Then D→F：Else Pol(C − A,D − B)：List Ans [2]→F：IfEnd ↵	
	如果已知测站坐标和后视边方位角，则 C 输入 0，D 输入定向方位角
Lbl 1："SPJ ="? →N："S ="? →S ↵	输入水平角（左角 +，右角 −）和距离
"X ="：A + S × cos(F + N)→X ◢	计算所求点的 X 坐标
"Y ="：B + S × sin(F + N)→Y ◢	计算所求点的 Y 坐标
Goto 1 ↵	返回 Lbl 1 语句，重新输入距离和水平角，计算下一点

（2）算例

已知点：$A(15637.885,29364.071)$，$B(15820.496,29847.553)$；

观测值：$\beta = 321°35'04''$，$D_{AP} = 217.805\text{m}$。

经程序计算得

$$X = 15824.790\text{m}$$

$$Y = 29475.900\text{m}$$

4.5.3 碎部点三维坐标计算方法之一（XYH）

本程序用测站点坐标高程、后视点坐标作为已知数据，量取仪器高，将后视方向的水平度盘置零，前视观测水平角、水平距离、高差读数和前视棱镜高，从而求出前视点的 X、Y 坐标和高程 H。

（1）碎部点三维坐标计算程序

程序名：JZB-XYH（本程序用于 CASIO *fx*-5800P 计算器）

Deg：Fix 3 ↵	设置角度单位为十进制，3 位小数显示
"XA ="? A："YA ="? B："HA ="? G ↵	
	输入测站点 A 的坐标和高程
"XB ="? C："YB ="? D ↵	输入后视点 B 的坐标
If C = 0：Then D→F：Else Pol(C − A,D − B)：J→F：IfEnd ↵	
	如果已知测站坐标和后视边方位角则 C 输入 0，D 输入定向方位角
"I ="? I ↵	输入仪器高
Lbl 1："SPJ ="? N："S ="? S ↵	输入水平角（左角 +，右角 −）和距离
"VD ="? Z："V ="? V ↵	输入高差和觇标高

"X =": A + S × cos(F + N)→X ▲	计算所求点的 X 坐标
"Y =": B + S × sin(F + N)→Y ▲	计算所求点的 Y 坐标
"H =": G + Z + I − V→H ▲	计算所求点的高程
Goto 1 ↵	返回 Lbl 1 语句，重新输入距离、水平角、高差和觇标高，计算下一点

程序名：JZB-XYH2（本程序可用于 CASIO *fx*-7400*G*、9750*G*、9860*G*、FD10*Pro* 等型号计算器中）

Deg：Fix 3 ↵	设置角度单位为十进制，3 位小数显示
"XA ="? →A："YA ="? →B："HA ="? →G ↵	输入测站点 A 的坐标和高程
"XB ="? →C："YB ="? →D ↵	输入后视点 B 的坐标
If C = 0：Then D→F：Else Pol(C − A, D − B)：List Ans [2]→F：IfEnd ↵	如果已知测站坐标和后视边方位角，则 C 输入 0，D 输入定向方位角
"I ="? →I ↵	输入仪器高
Lbl 1："SPJ ="? →N："S ="? →S ↵	输入水平角（左角 +，右角 −）和距离
"VD ="? →Z："V ="? →V ↵	输入高差和觇标高
"X =": A + S × cos(F + N)→X ▲	计算所求点的 X 坐标
"Y =": B + S × sin(F + N)→Y ▲	计算所求点的 Y 坐标
"H =": G + Z + I − V→H ▲	计算所求点的高程
Goto 1 ↵	返回 Lbl 1 语句，重新输入距离、水平角、高差和觇标高，计算下一点

（2）算例

已知点：$A(5146.337, 2819.095, 278.823)$，$B(5239.106, 2087.461)$。

观测值：$I = 1.650$m，$\beta = 299°58'26''$，$D_{AP} = 305.049$m，$Z = -2.769$ m，$V = 2.000$m。

经程序计算得

$$X = 4903.357\text{m}$$

$$Y = 2634.662\text{m}$$

$$H = 275.704\text{m}$$

4.5.4 碎部点三维坐标计算之二（*XYH*）

本程序用测站点坐标高程、后视点坐标作为已知数据，安置全站仪并量取仪器高，将后视方向的水平度盘置零，前视观测水平角、倾斜距离、竖盘盘左读数和前视棱镜高，从而求出前视点的 X、Y 坐标和高程 H。

（1）碎部点三维坐标计算程序

程序名：JZB-XYH3（本程序用于 CASIO fx-5800P 计算器）

Deg：Fix 3 ↵	设置角度单位为十进制，3 位小数显示
"XA ="？ A："YA ="？ B："HA ="？ G ↵	输入测站点 A 的坐标和高程
"XB ="？ C："YB ="？ D ↵	输入后视点 B 的坐标
If C = 0：Then D→F：Else Pol(C − A, D − B)：J→F：IfEnd ↵	如果已知测站坐标和后视边方位角则 C 输入 0，D 输入定向方位角
"I ="？ I ↵	输入仪器高
Lbl 1："SPJ ="？ N："S ="？ S ↵	输入水平角（左角 +，右角 −）和斜距
"L ="？ L："V ="？ V ↵	输入竖盘盘左读数和觇标高
90 − L→L：S × cos(L)→S ↵	计算倾角和平距
"X ="：A + S × cos(F + N)→X ▲	计算所求点的 X 坐标
"Y ="：B + S × sin(F + N)→Y ▲	计算所求点的 Y 坐标
"H ="：G + S × tan(L) + I − V→H ▲	计算所求点的高程
Goto 1 ↵	返回 Lbl 1 语句，重新输入距离、水平角、高差和觇标高，计算下一点

程序名：JZB-XYH4（本程序可用于 CASIO fx-7400G、9750G、9860G、FD10Pro 等型号计算器中）

Deg：Fix 3 ↵	设置角度单位为十进制，3 位小数显示
"XA ="？ →A："YA ="？ →B："HA ="？ →G ↵	输入测站点 A 的坐标和高程
"XB ="？ →C："YB ="？ →D ↵	输入后视点 B 的坐标
If C = 0：Then D→F：Else Pol(C − A, D − B)：List Ans [2]→F：IfEnd ↵	如果已知测站坐标和后视边方位角，则 C 输入 0，D 输入定向方位角
"I ="？ →I ↵	输入仪器高
Lbl 1："SPJ ="？ →N："S ="？ →S ↵	输入水平角（左角 +，右角 −）和斜距

"L="? →L: "V="? →V ↵	输入竖盘盘左读数和觇标高
90-L→L: S×cos(L)→S ↵	计算倾角和平距
"X=": A+S×cos(F+N)→X ◣	计算所求点的 X 坐标
"Y=": B+S×sin(F+N)→Y ◣	计算所求点的 Y 坐标
"H=": G+S×tan(L)+I-V→H ◣	计算所求点的高程
Goto 1 ↵	返回 Lbl 1 语句，重新输入距离、水平角、高差和觇标高，计算下一点

（2）算例

已知点：$A(5146.337, 2819.095, 278.823)$，$B(5239.106, 2087.461)$。

观测值：$I=1.650\text{m}$，$\beta=157°09'07''$，$S=177.559\text{m}$（斜距），$L=101°24'35''$（盘左读数），$V=2.000\text{m}$。

经程序计算得

$$X=5193.206\text{m}$$
$$Y=2986.716\text{m}$$
$$H=243.348\text{m}$$

4.6 平面坐标转换计算程序

在建筑施工测量中，往往存在两种不同的坐标系统：一种是常用的统一测量坐标系统，另一种是为了更好表达建筑物相互关系的施工坐标系统。随着测绘技术的发展，建筑施工放样时，用统一的测量坐标系统来进行放样的情况已变得十分普遍。所以，常常需要将施工坐标系统转换为统一的测量坐标系统。

4.6.1 计算公式

如图4-4所示，XOY 为统一的测量坐标系，而 $X'O'Y'$ 为施工坐标系。X 轴与 X'

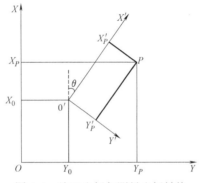

图4-4 施工坐标与测量坐标转换

正方向的夹角为 θ，设施工坐标系原点 O' 在 XOY 坐标系中的坐标为 (X_0, Y_0)，则任一点 P 在 XOY 坐标系中的坐标 (X_P, Y_P) 与其在 $X'O'Y'$ 坐标系中的坐标 (x'_P, y'_P) 的关系式为

$$X_P = X_0 + x'_P\cos\theta - y'_P\sin\theta \qquad (4-4)$$
$$Y_P = Y_0 + x'_P\sin\theta + y'_P\cos\theta \qquad (4-5)$$

或

$$\begin{pmatrix} X_P \\ Y_P \end{pmatrix} = \begin{pmatrix} X_0 \\ Y_0 \end{pmatrix} + \begin{pmatrix} \cos\theta & -\sin\theta \\ \sin\theta & \cos\theta \end{pmatrix} \begin{pmatrix} x'_P \\ y'_P \end{pmatrix} \qquad (4-6)$$

4.6.2 程序及算例

(1) 平面坐标转换计算程序

程序名：ZBZH（本程序用于 CASIO fx-5800P 计算器）

Deg：Fix 3 ↵	设置角度单位为十进制，3 位固定小数显示
"X0 = "? A："Y0 = "? B ↵	输入施工坐标系原点在统一坐标系中的 X、Y（A、B）
"ANGLE = "? E ↵	输入统一坐标系的 X 轴顺时针旋转至施工坐标系的 X' 轴的角度值
Cls："LEFT（1），RIGHT(ELSE) = "? F ↵	判断施工坐标系是右手系还是左手系
Lbl 1 ↵	语句标号
"XP = "? C："YP = "? D ↵	待换算平面点在施工坐标系中的 X'、Y' 坐标（C、D）
[[A][B]]→MatA ↵	向矩阵 **A** 赋值
[[cos(E)，-sin(E)][sin(E)，cos(E)]]→MatB ↵	向矩阵 **B** 赋值
If F≠1：Then -D→D：IfEnd ↵	根据施工坐标系的类型决定变量 **D** 的取值
[[C][D]]→Mat C ↵	向矩阵 **C** 赋值
MatA + MatB × MatC→MatD ◢	计算转换后的坐标值，并将结果显示在矩阵 **D** 中
Goto 1	

注：从 X 轴上一点观察，若 Y 到 Z 为顺时针方向，则该坐标系为左手系；若 Y 到 Z 的方向是逆时针方向，则该坐标系为右手坐标系。如图 4-5 所示，日常的测量坐标系为左手系。

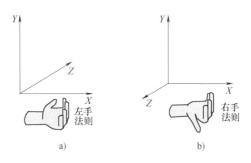

图 4-5　左手坐标系和右手坐标系

a）左手坐标系　b）右手坐标系

（2）算例

已知：$X_0 = 15067.822\text{m}$，$Y_0 = 48339.775\text{m}$，$ANGLE = 66°31'49''$，$LEFT(1)$，$RIGHT(ELSE) = 1$。（本例中建筑坐标系为左手坐标系，故输入 1）

输入某建筑物在建筑坐标系中的坐标为

$$1(60,40)，2(60,100)，3(95,100)，4(95,40)$$

经程序计算得转换后的测量坐标为

$$1(15055.027,48410.742)$$
$$2(14999.991,48434.638)$$
$$3(15013.930,48466.742)$$
$$4(15068.966,48442.846)$$

4.7　经纬仪 1:500 测图坐标展点测图程序

事实上，经纬仪测图法现在已基本被淘汰了，而用全站仪和 RTK 采集数据的数字测图法已彻底代替了经纬仪测绘法。但在高校的测绘专业中，经纬仪测绘法还时常被使用，这主要是让学生更好地掌握和理解地形图的测图原理。

经纬仪测绘法的实质还是极坐标法，与前述的采集碎部点的极坐标法的不同之处是经纬仪测绘法往往是用视距尺来测量。

4.7.1　计算公式

经纬仪测绘法的计算公式为

$$D_{AP} = Kl\cos^2(90 - L) \tag{4-7}$$

$$\alpha_{AP} = \alpha_{AB} + \beta \tag{4-8}$$

$$X_P = X_A + D_{AP}\cos\alpha_{AP} \tag{4-9}$$

$$Y_P = Y_A + D_{AP}\sin\alpha_{AP} \tag{4-10}$$

$$H_P = H_A + D_{AP}\tan(90 - L) + i - v \tag{4-11}$$

式中　Kl——视距（m）；

L——竖盘盘左读数（°′″）；

α——方位角（°′″）；

β——水平角（°′″）；

D_{AP}——测站到碎部点的水平距离（m）；

i——仪器高（m）；

v——前视中丝读数（m）；

X——纵坐标（m）；

Y——横坐标（m）；

H——高程（m）。

4.7.2　程序及算例

（1）经纬仪测绘法程序

程序：500CT-1（本程序用于 CASIO *fx*-5800*P* 计算器）

Deg：Fix3 ↵	设置角度单位为十进制，3 位小数显示
"XIBEI – X = "? R ↵	输入图廓西北角 X 坐标
"XIBEI – Y = "? W ↵	输入图廓西北角 Y 坐标
"X – CEZHAN = "? A ↵	输入测站点 X 坐标
"Y – CEZHAN = "? B ↵	输入测站点 Y 坐标
"H – CEZHAN = "? C ↵	输入测站点高程
"X – HOUSHI = "? D ↵	输入后视点 X 坐标
"Y – HOUSHI = "? E ↵	输入后视点 Y 坐标
Pol(D – A，E – B) ↵	坐标反算
"DAB = "：I ◣	显示测站点至后视点的距离，以供检查
J < 0⇒J + 360→J ↵	将方位角限制在 0° ~ 360° 之间

"FAB =": J►DMS ◢	显示测站点至后视点的方位角，以供检查
"I ="? G ↵	输入仪器高
Lbl 0 ↵	行标号
"S ="? S ↵	输入测站点至碎部点的视距
"V ="? V ↵	输入碎部点的标尺中丝读数
"N ="? N ↵	输入水平度盘读数
"L ="? T ↵	输入垂直度盘读数
90 – T→Q ↵	计算倾角
S × (cosQ)^2→P：Cls ↵	计算平距
"X =": 0.2(R –(A + P×cos(J + N))) ◢	显示由左上角到碎部点的 X 方向图上距离（cm）
"Y =": 0.2(B + P×sin(J + N) – W) ◢	显示由左上角到碎部点的 Y 方向图上距离（cm）
"H =": C + P×tan(Q) + G – V ◢	显示碎部点（立标尺点）的高程（m）
Goto 0 ↵	返回观测下一碎部点

程序：500CT-2（本程序可用于 CASIO *fx*-7400*G*、9750*G*、9860*G*、*FD*10*Pro* 等型号计算器中）

Deg：Fix3 ↵	设置角度单位及小数取位
"XIBEI – X ="? →R ↵	输入图廓西北角 X 坐标
"XIBEI – Y ="? →W ↵	输入图廓西北角 Y 坐标
"X – CEZHAN ="? →A ↵	输入测站点 X 坐标
"Y – CEZHAN ="? →B ↵	输入测站点 Y 坐标
"H – CEZHAN ="? →C ↵	输入测站点高程
"X – HOUSHI ="? →D ↵	输入后视点 X 坐标
"Y – HOUSHI ="? →E ↵	输入后视点 Y 坐标
Pol(D – A, E – B) ↵	坐标反算
"DAB =": List Ans [1] ◢	显示测站点至后视点的距离，以供检查
List Ans [2] →J	将方位角存入变量 J 中
J < 0⇒J + 360→J ↵	将方位角限制在 0°～360°之间
"FAB =": J ◢	显示测站点至后视点的方位角，以供检查

"I = "? →G ↵	输入仪器高
Lbl 0 ↵	行标号
"S = "? →S ↵	输入测站点至碎部点的视距
"V = "? →V ↵	输入碎部点的标尺中丝读数
"N = "? →N ↵	输入水平度盘读数
"L = "? →T ↵	输入垂直度盘读数
90 − T→Q ↵	计算倾角
S × (cosQ) 2→P ↵	计算平距
"X = ":0.2(R − (A + P×cos(J + N)))◢	显示由左上角到碎部点的 X 方向图上距离 (cm)
"Y = ":0.2(B + P×sin(J + N) − W)◢	显示由左上角到碎部点的 Y 方向图上距离 (cm)
"H = ": C + P×tan(Q) + G − V ◢	显示碎部点（立标尺点）的高程（m）
Goto 0 ↵	返回观测下一碎部点

（2）算例

已知数据：$XIBEI - X = 1000$m，

$XIBEI - Y = 400$m，

$X - CEZHAN = 853.77$m，

$Y - CEZHAN = 476.89$m，

$H - CEZHAN = 300.49$m，

$X - HOUSHI = 500.32$m，

$Y - HOUSHI = 815.68$m，

$I = 1.35$m，

$S = 56.3$m，

$V = 2.2$m，

$N = 243°26′$，

$L = 104°41′$。

经程序计算得

$$X = 19.32\text{cm}(\text{从西北角向下量 } 193.20\text{mm})$$

$$Y = 18.92\text{cm}(\text{从西北角向右量 } 189.20\text{mm})$$

$$H = 285.835\text{m}(\text{标注高程 } 285.84\text{m})$$

（3）补充

如果不是以碎部点至图廓点的图上距离来展点，而是以实际坐标直接展点，那么程序 500CT-1 则可以修改如下：

程序：500CT-3（本程序用于 CASIO fx-5800P 计算器）

Deg: Fix3 ↵	设置角度单位为十进制，3 位小数显示
"X – CEZHAN = "? A ↵	输入测站点 X 坐标
"Y – CEZHAN = "? B ↵	输入测站点 Y 坐标
"H – CEZHAN = "? C ↵	输入测站点高程
"X – HOUSHI = "? D ↵	输入后视点 X 坐标
"Y – HOUSHI = "? E ↵	输入后视点 Y 坐标
Pol(D – A, E – B) ↵	坐标反算
"DAB = ": I	显示测站点至后视点的距离，以供检查
J < 0 ⇒ J + 360 → J ↵	将方位角限制在 0° ~ 360° 之间
"FAB = ": J ▶ DMS ◢	显示测站点至后视点的方位角，以供检查
"I = "? G ↵	输入仪器高
Lbl 0 ↵	行标号
"S = "? S ↵	输入测站点至碎部点的视距
"V = "? V ↵	输入碎部点的标尺中丝读数
"N = "? N ↵	输入水平度盘读数
"L = "? T ↵	输入垂直度盘读数
90 – T → Q ↵	计算倾角
S × (cos(Q))^2 → P: Cls ↵	计算平距
"X = ": A + P × cos(J + N) ◢	显示由左上角到碎部点的 X 坐标（m）
"Y = ": B + P × sin (J + N) ◢	显示由左上角到碎部点的 Y 坐标（m）
"H = ": C + P × tan(Q) + G – V ◢	显示碎部点（立标尺点）的高程（m）
Goto 0 ↵	返回观测下一碎部点

程序 500CT-2 也可修改如下：

程序：500CT-4（本程序可用于 CASIO fx-7400G、9750G、9860G、FD10Pro 等型号计算器中）

Deg: Fix3 ↵	设置角度单位及小数取位
"X – CEZHAN = "? → A ↵	输入测站点 X 坐标
"Y – CEZHAN = "? → B ↵	输入测站点 Y 坐标

"H – CEZHAN ="? →C ↵	输入测站点高程
"X – HOUSHI ="? →D ↵	输入后视点 X 坐标
"Y – HOUSHI ="? →E ↵	输入后视点 Y 坐标
Pol(D – A,E – B) ↵	坐标反算
"DAB =": List Ans [1] ◢	显示测站点至后视点的距离,以供检查
List Ans [2] →J	将方位角存入变量 J 中
J < 0⇒J + 360→J ↵	将方位角限制在0° ~ 360°之间
"FAB =": J ◢	显示测站点至后视点的方位角,以供检查
"I ="? →G ↵	输入仪器高
Lbl 0 ↵	行标号
"S ="? →S ↵	输入测站点至碎部点的视距
"V ="? →V ↵	输入碎部点的标尺中丝读数
"N ="? →N ↵	输入水平度盘读数
"L ="? →T ↵	输入垂直度盘读数
90 – T→Q ↵	计算倾角
$S \times (\cos(Q))^2$→P ↵	计算平距
"X =":A + P × cos(J + N)) ◢	显示由左上角到碎部点的 X 坐标(m)
"Y =":B + P × sin(J + N) ◢	显示由左上角到碎部点的 Y 坐标(m)
"H =": C + P × tan(Q) + G – V ◢	显示碎部点(立标尺点)的高程(m)
Goto 0 ↵	返回观测下一碎部点

算例如下:

已知数据:

$X – CEZHAN = 853.77$m,

$Y – CEZHAN = 476.89$m,

$H – CEZHAN = 300.49$m,

$X – HOUSHI = 500.32$m,

$Y – HOUSHI = 815.68$m,

$I = 1.35$m,

$S = 56.3$ m,

$V = 2.2$m,

$N = 243°26'$,

$L = 104°41'$。

经程序计算得

$$X = 903.38\text{m}$$

$$Y = 494.60\text{m}$$

$$H = 285.84\text{m}$$

4.8 宗地面积计算程序

4.8.1 坐标解析法原理及公式

宗地面积一般采用坐标解析法计算。坐标解析法是利用多边形各顶点的坐标来计算其面积的一种方法，如图 4-6 所示。获得多边形顶点的坐标有实测法和图解法两种不同的方法。

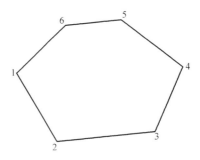

图 4-6 多边形面积计算

其计算公式有

$$P = \frac{1}{2}\left| \sum_{i=1}^{n} x_i(y_{i+1} - y_{i-1}) \right| \tag{4-12}$$

或

$$P = \frac{1}{2}\left| \sum_{i=1}^{n} y_i(x_{i-1} - x_{i+1}) \right| \tag{4-13}$$

或

$$P = \frac{1}{2}\left| \sum_{i=1}^{n} (x_i y_{i+1} - x_{i+1} y_i) \right| \tag{4-14}$$

式中，n 为多边形的边数。

注意：当 $i = 1$ 时，用 y_n 代替 y_{i-1}；当 $i = n$ 时，用 y_1 代替 y_{i+1}。

4.8.2 程序及算例（以公式 $P = \frac{1}{2}\left| \sum_{i=1}^{n} (x_i y_{i+1} - x_{i+1} y_i) \right|$ 为例）

（1）多边形宗地面积计算程序

程序名：MJJS-XY1（本程序用于 CASIO *fx*-5800*P* 计算器）

"N = "? N ↵	输入多边形点数
0→S ↵	将 S 变量清零
"X1 = "? A：A→E ↵	输入 1 号 X 坐标
"Y1 = "? B：B→F ↵	输入 1 号 Y 坐标
For 1→I To N ↵	循环语句
If I = N：Then E→C：F→D ↵	判断是否到 N 点，如到 N 点，则将 1 号点的坐标赋给下一点
Else "X = "? C ↵	输入下一点的 X 坐标
"Y = "? D ↵	输入下一点的 Y 坐标
IfEnd ↵	条件语句结束
S + 0.5 × (BC − AD)→S ↵	面积求和
C→A：D→B ↵	将 C、D 的值分别存入 A、B 中
Next ↵	循环语句
"S = "：Abs(S) ◣	显示面积的绝对值
"END"	程序结束

程序名：MJJS-XY2（本程序可用于 CASIO *fx*-7400*G*、9750*G*、9860*G*、FD10*Pro* 等型号计算器中）

"N = "? →N ↵	输入多边形点数
0→S ↵	将 S 变量清零
"X1 = "? →A：A→E ↵	输入 1 号 X 坐标
"Y1 = "? →B：B→F ↵	输入 1 号 Y 坐标
For 1→I To N ↵	循环语句
If I = N：Then E→C：F→D ↵	判断是否到 N 点，如到 N 点，则将 1 号点的坐标赋给下一点
Else："X = "? →C ↵	输入下一点的 X 坐标
"Y = "? →D ↵	输入下一点的 Y 坐标
IfEnd ↵	条件语句结束
S + 0.5 × (BC − AD)→S ↵	面积求和
C→A：D→B ↵	将 C、D 的值分别存入 A、B 中
Next ↵	循环语句
"S = "：Abs (S) ◣	显示面积的绝对值
"END"	程序结束

（2）算例

已知数据：1（983.220，423.562），2（620.925，532.511），3（553.614，1104.992），4（1022.815，1279.311），5（1246.526，877.188）。

面积计算结果

$$S = 401026.09 \text{m}^2$$

4.8.3 用串列编程计算多边形的周长和面积（以公式 $P = \dfrac{1}{2}\left|\sum_{i=1}^{n} x_i(y_{i+1} - y_{i-1})\right|$ 为例）

（1）程序名：MJJS-LIST

"N ="? N ↵	输入多边形点数
0→P：0→S ↵	将 P 变量和 S 变量清零，以存放周长和面积
For 1→I To N ↵	循环语句
If I < N：Then List X[I+1] − List X[I]→X：List Y[I+1] − List Y[I]→Y ↵	
Else List X[1] − List X[I]→X：List Y[1] − List Y[I]→Y：IfEnd ↵	
P + Abs(X + Yi)→P ↵	用复数形式计算并累加多边形边长
If I = 1：Then List Y[I+1] − List Y[N]→U ↵	
Else If I = N：Then List Y[1] − List Y[I−1]→U ↵	
Else List Y[I+1] − List Y[I−1]→U：IfEnd：IfEnd ↵	
S + 0.5 × List X[I] × U→S ↵	面积求和
Next ↵	循环语句
"P =":P ▲	显示多边形周长
"S =":Abs(S) ▲	显示面积的绝对值
"END"	结束

程序运行前，先在 REG 回归分析状态（按 MODE 4）的 X 列和 Y 列中分别填置数据，即把各点的 X 坐标和 Y 坐标写到串列中。

（2）算例

将已知数据放到串列中（主要输入 X 列和 Y 列，其余不必输入），见表4-2。

表4-2 多边形面积计算时在串列中置数

点　号	X/m	Y/m	FREQ
1	983.220	423.562	—
2	620.925	532.511	—
3	553.614	1104.992	—
4	1022.815	1279.311	—
5	1246.526	877.188	—

然后运行程序后，得到如下结果

周长 $P = 2439.95\text{m}$

面积 $S = 401026.1\text{m}^2$

4.9 测角前方交会计算程序

4.9.1 测角前方交会原理及计算公式

如图 4-7 所示为前方交会的基本图形，在该图形中，A、B 为已知坐标点，P 为坐标待求点。首先，根据地形情况和已知点 A、B 的位置情况选择并确定 P 点位置，用标志将 P 点固定下来，并设立观测标志。然后，在 A 点安置经纬仪，同时在 B 点设立观测标志，测出水平角 α。最后在 B 点安置经纬仪，同时在 A 点设立观测标志，测出水平角 β。《工程测量规范》GB 50026—2007 中规定，交会角应在 30°~150°之间。

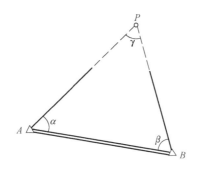

图 4-7　前方交会

这里直接给出前方交会计算待定点 P 坐标的两个公式为

$$\begin{cases} x_p = \dfrac{x_A\cot\beta + x_B\cot\alpha + (y_B - y_A)}{\cot\alpha + \cot\beta} \\ y_p = \dfrac{y_A\cot\beta + y_B\cot\alpha + (x_A - x_B)}{\cot\alpha + \cot\beta} \end{cases} \tag{4-15}$$

注：cot 为 tan 函数的倒数，即 $\cot\theta = \dfrac{1}{\tan\theta}$

$$\begin{cases} x_p = \dfrac{x_A\tan\alpha + x_B\tan\beta + (y_B - y_A)\cdot\tan\alpha\cdot\tan\beta}{\tan\alpha + \tan\beta} \\ y_p = \dfrac{y_A\tan\alpha + y_B\tan\beta + (x_A - x_B)\cdot\tan\alpha\cdot\tan\beta}{\tan\alpha + \tan\beta} \end{cases} \tag{4-16}$$

4.9.2　程序及算例

（1）测角前方交会计算程序

程序名：QFJH（本程序还可用于 CASIO *fx*-7400*G*、9750*G*、9860*G* 等型号的计算器）

Deg：Fix 3 ↵	设置角度单位为十进制，3 位小数显示
"XA ="? →C："YA ="? →D ↵	提示输入已知点 *A* 的坐标（*C*,*D*）
"XB ="? →E："YB ="? →F ↵	提示输入已知点 *B* 的坐标（*E*,*F*）
"A ="? →A："B ="? →B ↵	提示输入两个观测角度 *A*，*B*
$(C(\tan B)^{-1}) + E(\tan A)^{-1} + F - D) \div ((\tan A)^{-1} + (\tan B)^{-1}) \to X$ ↵	计算所求点的 *X* 坐标
$(D(\tan B)^{-1}) + F(\tan A)^{-1} + C - E) \div ((\tan A)^{-1} + (\tan B)^{-1}) \to Y$ ↵	计算所求点的 *Y* 坐标
"XP =": X ◢	显示所求点的 *X* 坐标（m）
"YP =": Y ◢	显示所求点的 *Y* 坐标（m）
"END"	

（2）算例

已知数据：

新桥：*A*(82230.095,53153.696)；

凤鸣山：*B*(82406.822,53333.132)；

水平角：$\alpha = 60°41'32''$，$\beta = 64°44'28''$。

计算结果：

P(82499.791,53080.136)

运行时输入输出显示如下

$$XA = 82230.095m$$

$$YA = 53153.696m$$

$$XB = 82406.822m$$

$$YB = 53333.132m$$

$$A = 60°41'32''$$

$$B = 64°44'28''$$

$$XP = 82499.791m$$

$$YP = 53080.136m$$

4.10　建筑轴线偏移计算程序

4.10.1　建筑轴线偏移原理及计算公式

在建筑轴线或桥梁扩大基础的施工放样中，往往需要将某一点向外或向内平移，并计算出它的坐标，如图 4-8 所示。此时，只要知道两个沿相互垂直方向的平移距离，以及沿其中一个方向的方位角，就可以计算出平移后点的坐标。

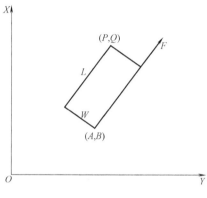

图 4-8　建筑轴线偏移

其计算公式如下

$$P = A + L\cos(F) + W\sin(F - 90) \tag{4-17}$$

$$Q = B + L\sin(F) + W\sin(F - 90) \tag{4-18}$$

式中　A、B——起点坐标（m）；

F——起点方位角（°′″）；

L、W——轴线偏移距离（m）；

P、Q——偏移后坐标（m）。

4.10.2　程序及算例

（1）建筑轴线偏移计算程序

程序名：ZXPY（本程序还可用于 CASIO fx-7400G、9750G、9860G 等型号的计算器）

Deg：Fix 3 ↵	设置角度单位为十进制，3 位小数显示
"A ="？→A："B ="？→B ↵	输入坐标（A, B）
"F ="？→F ↵	输入方位角

"L = "? →L:" W = "? →W ↵   输入偏移距离（L, W）

"P = "：A + L × cos(F) + W × cos(F – 90)→X ◢

计算并显示偏移点的 X 坐标（m）

"Q = "：B + L × sin(F) + W × sin(F – 90)→Y ◢

计算并显示偏移点的 Y 坐标（m）

"END"   程序结束

（2）算例

已知：

$A = 65084.064 \text{m}$,

$B = 39776.011 \text{m}$,

$F = 133°29'50''$,

$L = 13.750 \text{m}$,

$W = 7.250 \text{m}$。

经程序计算得

$$P = 65079.859 \text{m}$$
$$Q = 39790.976 \text{m}$$

练 习 题

4-1   已知 A、B 两点的坐标为 $\begin{cases} x_A = 853.764\text{m} \\ y_A = 245.678\text{m} \end{cases}$ $\begin{cases} x_B = 483.696\text{m} \\ y_B = 586.658\text{m} \end{cases}$，请编程

计算 A、B 两点间的水平距离和坐标方位角。

4-2   已知水平距离 $D = 503.207\text{m}$，$\alpha = 137°20'33.3''$，请编程计算 Δx 和 Δy 的值。

4-3   已知 $X_A = 2515.93\text{m}$，$Y_A = 3972.19\text{m}$，$\alpha_{AB} = 307°46'48''$，$S_{AB} = 107.62\text{m}$，试求 X_B，Y_B 的值。

4-4   公式 $\alpha_前 = \alpha_后 + \beta_i \pm 180°$ 用于推算导线各边方位角，请编程计算。

4-5   某多边形宗地的界址点坐标如图4-9所示，请编程计算其面积和周长。

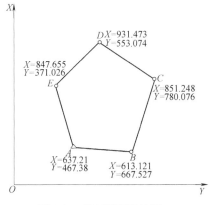

图4-9   多边形面积计算

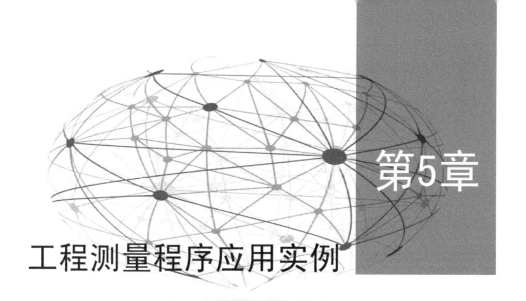

第5章

工程测量程序应用实例

内容概述

本章主要给出了工程测量中的一些应用程序，包括二维和三维支导线测量计算程序、附合（闭合）导线测量计算程序、无定向导线平差计算程序、单一水准路线平差计算程序、直线线路中桩边桩坐标计算程序、圆曲线中桩边桩坐标计算程序、缓和曲线中桩边桩坐标计算程序和线路竖曲线计算程序。

知识目标

针对书中的工程测量实用程序，能够在 CASIO *fx*-5800*P* 程序计算器中输入程序、调试程序、运行程序。

5.1 支导线测量计算程序

5.1.1 支导线的应用及计算公式

在施工测量中，支导线的应用是十分普遍的。过去限于仪器和测量精度，测量规程当中规定支导线边数不能够超过一定的数目。但在实际测量工作中，一些测量技术人员根据已知点的情况，以及工程项目的精度要求，往往布设边数不少的支导线，如图5-1所示。

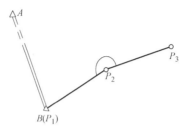

图 5-1 支导线

现列出支导线的坐标计算公式。

各边方位角计算如下

$$\alpha_{i,i+1} = \alpha_{i-1,i} + \beta_i \pm 180° \tag{5-1}$$

式中 β_i——导线各水平角（°′″）；

$\quad\alpha_{i-1,i}$——导线后一边方位角（°′″）；

$\quad\alpha_{i,i+1}$——导线前一边方位角（°′″）。

各边坐标增量计算如下

$$\begin{cases} \Delta x_{ij} = D_{ij}\cos\alpha_{ij} \\ \Delta y_{ij} = D_{ij}\cos\alpha_{ij} \end{cases} \tag{5-2}$$

式中 D_{ij}——水平边长（m）；

$\quad\alpha_{ij}$——方位角（°′″）；

Δx_{ij}、Δy_{ij}——坐标增量（m）。

计算各导线点的坐标如下

$$\begin{cases} x_i = x_{i-1} + \Delta x_{i-1,i} \\ y_i = y_{i-1} + \Delta y_{i-1,i} \end{cases} \tag{5-3}$$

式中 $\Delta x_{i-1,i}$、$\Delta y_{i-1,i}$——坐标增量（m）；

$\quad x_i$、x_{i-1}、y_i、y_{i-1}——纵、横坐标（m）。

5.1.2 计算二维支导线的程序及算例

（1）计算二维支导线的程序

程序名：ZDX-XY1（本程序用于 CASIO fx-5800P 计算器）

Deg：Fix3 ↵	设置角度单位为十进制，3 位小数显示
"X－CZ ="? A："Y－CZ ="? B ↵	输入测站点 B 的 X、Y 坐标
"X－HS ="? C："Y－HS ="? D ↵	输入后视点 A 的 X、Y 坐标或 AB 边的方位角（如果已知后视边方位角，则 C 输入一个小于等于 0 的数，并在 D 中输入方位角）

If C > 0: Then Pol(A − C,B − D) ↵	反算方位角
"D − AB =": I ◢	显示后视点至测站点的距离，以供检查
J < 0⇒J + 360→J ↵	将方位角限制在 0° ~ 360° 之间
J→F: "F − AB =": F▶DMS ◢	显示已知边（后视点至测站点）的方位角
Else D→F: IfEnd ↵	将变量 D 中的方位角转存到变量 F 中
Lbl 1 ↵	设置程序语句行标号
"J ="? J: "S ="? S ↵	输入观测的水平角（左角 +，右角 −）和水平距离
F + J→E ↵	计算反向方位角
If E > 180: Then E − 180→E: Else E + 180→E: IfEnd ↵	计算方位角
"X =": A + ScosE→P ◢	计算未知点 X 坐标并存入字母 U
"Y =": B + SsinE→Q ◢	计算未知点 Y 坐标并存入字母 N
"K ="? K ↵	输入一个数 K，K 大于等于 0 则重算本测站，小于零则推算到下一点
If K≤0: Then E→F: P→A: Q→B ↵	如果 K≤0，将字母 E、P、Q 的值存入字母 F、A、B
Goto 1 ↵	转到语句 Lbl 1，重算该点或该测站上的其他支点
Else Goto 1 ↵	K 大于 0 则转到语句 Lbl 1，支导线传递到下一站，向前推算
IfEnd ↵	条件语句结束
"END"	程序结束

程序名：ZDX-XY2（本程序可用于 CASIO *fx*-7400*G*、9750*G*、9860*G*、FD10*Pro* 等型号计算器中）

Deg: Fix3 ↵	设置角度单位和小数取位
"X − CZ ="? →A:"Y − CZ ="? →B ↵	输入测站点 B 的 X、Y 坐标
"X − HS ="? →C:"Y − HS ="? →D ↵	输入后视点 A 的 X、Y 坐标或 AB 边的方位角（如果已知后视边方位角，则 C 输入一个小于等于 0 的数，并在 D 中输入方位角）

If C >0: Then Pol(A − C,B − D)↵	反算方位角
"D − AB = ": List Ans [1] ◣	显示后视点至测站点的距离，以供检查
List Ans [2] →J	将方位角存入变量 J 中
J < 0⇒J + 360→J ↵	将方位角限制在 0° ~ 360°之间
J→F: "F − AB = ": F ◣	显示已知边（后视点至测站点）的方位角
Else D→F: IfEnd ↵	将 D 变量中方位角转存到变量 F 中
Lbl 1 ↵	设置程序语句行标号
"J = "? →J: "S = "? →S ↵	输入观测的水平角（左角 +，右角 −）和水平距离
F + J→E ↵	计算反向方位角
If E > 180: Then E − 180→E: Else E + 180→E: IfEnd ↵	计算方位角
"X = ": A + S cosE→P ◣	计算未知点 X 坐标并存入字母 U
"Y = ": B + S sinE→Q ◣	计算未知点 Y 坐标并存入字母 N
"K = "? →K ↵	输入一个数 K，K 大于等于 0 则重算本测站，小于零则推算到下一点
If K≤0: Then E→F: P→A: Q→B ↵	如果 K≤0，将字母 E、P、Q 的值存入字母 F、A、B
Goto 1 ↵	转到语句 Lbl 1，重算该点或该测站上的其他支点
Else Goto 1 ↵	K 大于 0 则转到语句 Lbl 1，支导线传递到下一站，向前推算
IfEnd ↵	条件语句结束
"END"	程序结束

（2）算例

1）计算第一点。

① 输入测站点：$X − C_Z = 63829.540\text{m}$。

② 输入测站点：$Y − C_Z = 51279.480\text{m}$。

③ 输入后视点：$X − H_S = 63791.222\text{m}$。

④ 输入后视点：$Y − H_S = 51302.403\text{m}$。

⑤ 显示测站至后视距离：$D − AB = 44.651\text{m}$。

⑥ 显示测站点至后视点的方位角：$F − AB = 329°06'39''$。

⑦ 输入水平角：$J = 112°58'35''$。

⑧ 输入水平距离：$S = 113.151\text{m}$。

⑨ 输出未知导线点 1 的坐标：$X = 63813.963\text{m}$。

⑩ 输出未知导线点 1 的坐标：$Y = 51167.406\text{m}$。

2）计算第二点。

① $K = -1$，若输入的 K 值大于等于 0 则重算本测站，以便检核，若小于 0 则推算到下一点。

② 输入水平角：$J = 214°25'39''$。

③ 输入水平距离：$S = 51.393\text{m}$。

④ 输出未知导线点 2 的坐标：$X = 63836.906\text{m}$。

⑤ 输出未知导线点 2 的坐标：$Y = 51121.419\text{m}$。

3）计算第三点。

① $K = -1$（计算下一点）。

② 输入水平角：$J = 122°57'04''$。

③ 输入水平距离：$S = 53.547\text{m}$。

④ 输出未知导线点 3 的坐标：$X = 63809.702\text{m}$。

⑤ 输出未知导线点 3 的坐标：$Y = 51075.297\text{m}$。

5.1.3 计算三维支导线的程序及算例

（1）计算三维支导线的程序

程序名：ZDX-XYH1（本程序用于 CASIO fx-5800P 计算器）

Deg：Fix3 ↵	设置角度单位十进制，3 位小数显示
"X – CZ ="? A："Y – CZ ="? B："H – CZ ="? G ↵	输入测站点 B 的坐标和高程
"X – HS ="? C："Y – HS ="? D ↵	输入后视点 A 的 X、Y 坐标或 AB 边的方位角（如果已知后视边方位角，则 C 输入一个小于等于 0 的数，并在 D 中输入方位角）
If C >0：Then Pol(A – C,B – D) ↵	反算方位角
"D – AB ="：I ◢	显示后视点至测站点的距离，以供检查
J <0⇒J + 360→J ↵	将方位角限制在 0°～360°之间
"F – AB ="：J→F▶DMS ◢	显示已知边方位角

Else D→F：IfEnd ↵	将 D 变量中方位角转存到变量 F 中
Lbl 1 ↵	设置程序语句行标号
"I = "? I："J = "? J："L = "? L ↵	输入观测仪器高、水平角（左角 + ，右角 – ）、竖直角
"S = "? S："V = "? V ↵	输入观测的斜距、觇标高
F + J→E ↵	计算反向方位角
If E > 180：Then E – 180→E：Else E + 180→E：IfEnd ↵	计算方位角
90 – L→L ↵	计算竖直角
"X = "：A + S × cosL × cosE→P ◢	计算未知点 X 坐标并存入字母 U
"Y = "：B + S × cosL × sinE→Q ◢	计算未知点 Y 坐标并存入字母 N
"H = "：G + S × sinL + I – V→H ◢	计算未知点高程 H 并存入字母 W
"K = "? K ↵	输入一个数 K ，K 大于等于 0 则重算本测站，小于零则推算到下一点
If K≤0：Then E→F：P→A：Q→B：H→G ↵	将字母 E 、P 、Q 的值存入字母 F 、A 、G
Goto 1 ↵	转到语句 Lbl 1，重算该点或该测站上的其他支点
Else Goto 1 ↵	K 大于 0 则转到语句 Lbl 1，支导线传递到下一站，向前推算
IfEnd ↵	条件语句结束
"END"	程序结束

程序名：ZDX-XYH2（本程序可用于 CASIO fx-7400G、9750G、9860G、FD10Pro 等型号计算器中）

Deg：Fix3 ↵	设置角度单位和小数取位
"X – CZ = "? →A："Y – CZ = "? →B："H – CZ = "? →G ↵	输入测站点 B 的坐标和高程
"X – HS = "? →C："Y – HS = "? →D ↵	输入后视点 A 的 X 、Y 坐标或 AB 边的方位角（如果已知后视边方位角，则 C 输入一个小于等于 0 的数，并在 D 中输入方位角）

If C > 0：Then Pol(A − C，B − D) ↵	反算方位角
"D − AB ="：List Ans [1] ◢	显示后视点至测站点的距离，以供检查
List Ans [2] →J	将方位角存入变量 J 中
J < 0 ⇒ J + 360→J ↵	将方位角限制在 0°~360°之间
"F − AB ="：J→F ◢	显示已知边方位角
Else D→F：IfEnd ↵	将 D 变量中方位角转存到变量 F 中
Lbl 1 ↵	设置程序语句行标号
"I ="? →I："J ="? →J："L ="? →L ↵	输入观测仪器高、水平角（左角 +，右角 −）、竖直角
"S ="? →S："V ="? →V ↵	输入观测的斜距、觇标高
F + J→E ↵	计算反向方位角
If E > 180：Then E − 180→E：Else E + 180→E：IfEnd ↵	计算方位角
90 − L→L ↵	计算竖直角
"X ="：A + S × cosL × cosE→P ◢	计算未知点 X 坐标并存入字母 U
"Y ="：B + S × cosL × sinE→Q ◢	计算未知点 Y 坐标并存入字母 N
"H ="：G + S × sinL + I − V→H ◢	计算未知点高程 H 并存入字母 W
"K ="? →K ↵	输入一个数 K，K 大于等于 0 则重算本测站，小于零则推算到下一点
If K ≤ 0：Then E→F：P→A：Q→B：H→G ↵	将字母 E、P、Q 的值存入字母 F、A、B
Goto 1 ↵	转到语句 Lbl 1，重算该点或该测站上的其他支点
Else Goto 1 ↵	K 大于 0 则转到语句 Lbl 1，支导线传递到下一站，向前推算
IfEnd ↵	条件语句结束
"END"	程序结束

（2）算例

1）计算第一点。

① 输入测站点：$X − C_Z = 63829.540\text{m}$。

② 输入测站点：$Y − C_Z = 51279.480\text{m}$。

③ 输入测站点：$H − C_Z = 288.573\text{m}$。

④ 输入后视点：$X - H_S = 63791.222\text{m}$。

⑤ 输入后视点：$Y - H_S = 51302.403\text{m}$。

⑥ 显示测站至后视距离：$D - AB = 44.651\text{m}$。

⑦ 显示测站点至后视点的方位角：$F - AB = 329°06'39''$。

⑧ 输入仪器高：$I = 1.650\text{m}$。

⑨ 输入水平角：$J = 112°58'35''$。

⑩ 输入垂直角盘左读数：$L = 83°47'08''$。

⑪ 输入水平距离：$S = 120.997\text{m}$。

⑫ $V = 2.150\text{m}$。

⑬ 输出未知导线点 1 的 X 坐标：$X = 63812.981\text{m}$。

⑭ 输出未知导线点 1 的 Y 坐标：$Y = 51160.339\text{m}$。

⑮ 输出未知导线点 1 的高程：$H = 301.171\text{m}$。

2) 计算第二点。

① $K = -1$，若输入的 K 值大于等于 0 则重算本测站，以便检核，若小于零则推算到下一点。

② 输入仪器高：$I = 1.635\text{m}$。

③ 输入水平角：$J = 214°25'39''$。

④ 输入垂直角盘左读数：$L = 101°22'59''$。

⑤ 输入水平距离：$S = 87.665\text{m}$。

⑥ $V = 2.150\text{m}$。

⑦ 输出未知导线点 1 的 X 坐标：$X = 63851.347\text{m}$。

⑧ 输出未知导线点 1 的 Y 坐标：$Y = 51083.438\text{m}$。

⑨ 输出未知导线点 1 的高程：$H = 283.354\text{m}$。

······

注：如果导线测量时，观测的数据为平距，则只需要将上述程序中倒数第 7、8、9 语句稍作修改即可。

5.2 附合、闭合导线测量计算程序

5.2.1 计算公式

单一导线通常包括附合导线、闭合导线和支导线三种。支导线可以不进行平差，其计算程序前面已给出，故这里只编写附合导线和闭合导线的平差程序。

如图 5-2 所示为一附合导线，在两端各有一个已知点和一条已知边。这种导线，不仅有检核条件（坐标条件和方位角条件），而且最弱点位于导线中部，两端已知点均可控制其精度，布设长度相应增大，故附合导线在生产中得到广泛应用。

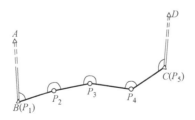

图 5-2　附合导线

闭合导线则只有一个已知点和一条已知边。事实上，我们可以把闭合导线看成是附合导线的特例。

（1）角度闭合差的计算

$$f_\beta = \sum_{i=1}^{n} \beta_i - (n - 2) \times 180° \tag{5-4}$$

式中　β_i——导线水平角（°′″）；

　　　　n——导线测角个数；

　　　　f_β——角度闭合差（°′″）。

（2）角度平差

$$v_\beta = -\frac{f_\beta}{n} \tag{5-5}$$

式中　v_β——角度改正数（°′″）。

$$\hat{\beta}_i = \beta_i + v_\beta \tag{5-6}$$

式中　β_i——导线水平角观测值（°′″）；

　　　　$\hat{\beta}_i$——改正后水平角（°′″）。

（3）导线边坐标方位角的推算

$$\alpha_{i,i+1} = \alpha_{i-1,i} + \beta_i \pm 180° \tag{5-7}$$

（4）坐标增量的计算

$$\begin{cases} \Delta x_{ij} = D_{ij}\cos\alpha_{ij} \\ \Delta x_{ij} = D_{ij}\cos\alpha_{ij} \end{cases} \tag{5-8}$$

（5）坐标增量闭合差的计算

$$\begin{cases} x_{i+1} = x_i + \Delta x \\ y_{i+1} = x_i + \Delta y \end{cases} \tag{5-9}$$

$$\begin{cases} f_x = \sum \Delta x_{\text{计}} - \sum \Delta x_{\text{理}} \\ f_y = \sum \Delta y_{\text{计}} - \sum \Delta y_{\text{理}} \end{cases} \tag{5-10}$$

式中　$\Delta x_{\text{理}}$、$\Delta y_{\text{理}}$——坐标闭合差的理论值（m）;

$\quad\quad\Delta x_{\text{计}}$、$\Delta y_{\text{计}}$——坐标闭合差的计算值（m）;

$\quad\quad\quad f_x$——纵坐标增量闭合差（m）;

$\quad\quad\quad f_y$——横坐标增量闭合差（m）。

（6）导线全长闭合差 f_s 的计算式如下

$$f_s = \sqrt{f_x^2 + f_y^2} \tag{5-11}$$

式中　f_s——纵、横坐标增量闭合差计算的水平距离（m）。

（7）导线全长相对闭合差

$$K = \frac{f_s}{\sum D} = \frac{1}{\sum D / f_s} \tag{5-12}$$

式中　$\sum D$——各导线边的边长总和（m）;

$\quad\quad K$——导线全长相对闭合差（m）。

（8）坐标增量改正数为

$$\begin{cases} v_{\Delta x_{ij}} = -\dfrac{f_x}{\sum D} D_{ij} \\ \\ v_{\Delta y_{ij}} = -\dfrac{f_y}{\sum D} D_{ij} \end{cases} \tag{5-13}$$

式中　$v_{\Delta x_{ij}}$、$v_{\Delta y_{ij}}$——纵、横坐标增量的改正数（m）。

（9）改正后的坐标增量

$$\begin{cases} \Delta \hat{x}_{ij} = \Delta x_{ij} + v_{\Delta x_{ij}} \\ \Delta \hat{y}_{ij} = \Delta x_{ij} + v_{\Delta y_{ij}} \end{cases} \tag{5-14}$$

式中　$\Delta \hat{x}_{ij}$、$\Delta \hat{y}_{ij}$——改正后的纵、横坐标增量（m）。

（10）各导线点坐标的计算

$$\begin{cases} x_i = x_{i-1} + \Delta \hat{x}_{i-1,i} \\ y_i = y_{i-1} + \Delta \hat{y}_{i-1,i} \end{cases} \tag{5-15}$$

式中　$\Delta \hat{x}_{i-1,i}$、$\Delta \hat{y}_{i-1,i}$——纵、横坐标增量的平差值（m）。

5.2.2　程序及算例

（1）程序名：DXPC（本程序用于 CASIO fx-5800P 计算器）

Deg：48→DimZ：Fix 4 ↵	设置角度单位为十进制，小数取 3 位，设置额外变量
"G = 0 – BH 1 – FH"? G ↵	输入判别符号：0 为闭合，1 为附合
"XB ="? A："YB ="? B："F – AB ="? F ↵	
	输入起点坐标和方位角（由后视到测站方向）
If G≠0：Then "XC ="? C："YC ="? D："F – CD ="? E↵	
	输入终点坐标和方位
Else A→C：B→D：F + 180→E：IfEnd ↵	闭合导线，则终点坐标、方位与起点相同
"N ="? N：F→U ↵	输入测角个数 N
For 1→I To N ↵	循环
"L ="? L：U + L→U ↵	依次输入各水平角（左角 +，右角 – ）
If U > 180：Then U – 180→U：Else U + 180→U：IfEnd ↵	
	计算方位角
U≥360⇒U – 360→U ↵	把方位角限制在 0° ~ 360° 之间
U→Z [4I – 3]：Next ↵	把方位角存入额外变量
U – E→W ↵	
W < 0⇒W + 360→W ↵	避免方位角闭合差出现多减 360° 的情况
"FB =":W▶DMS ◣	显示方位角闭合差
– 1 × W ÷ N→W ↵	计算各角的方位角改正数
For 1→I To N ↵	循环
Z [4I – 3] + W × I→P："FWJ =":P▶DMS ◣	
	改正各方位并显示
P→Z [4I – 3]：Next ↵	把改正后的方位角存入额外变量
0→M：0→R：0→Q ↵	将存放 X 增量、Y 增量、边长总和的变量置零
For 1→I To N – 1 ↵	循环
Z [4I – 3] →P ↵	读入方位角到变量 P
"S ="? S：S→Z [4I – 2] ↵	依次输入各边水平边长

$S \times \cos(P) \rightarrow Z[4I-1]$：$S \times \sin(P) \rightarrow Z[4I]$ ↵

　　　　　　　　　　　　　　　计算各边 X 增量、Y 增量

$M + Z[4I-1] \rightarrow M$：$R + Z[4I] \rightarrow R$ ↵　　计算 X 增量、Y 增量总和

$Q + S \rightarrow Q$：Next ↵　　　　　　　　计算边长总和

" [S] = "：Q ▲·　　　　　　　　　　显示导线总长

"FX = "：$A + M - C \rightarrow M$ ▲　　　　　显示 X 闭合差

"FY = "：$B + R - D \rightarrow R$ ▲　　　　　显示 Y 闭合差

"K = 1/"：$int(Q \div \sqrt{(M^2 + R^2)})$ ↵　　计算全长相对闭合差

$-1 \times M \div Q \rightarrow M$：$-1 \times R \div Q \rightarrow R$ ↵　计算单位长度的 X、Y 增量改正数

$A \rightarrow X$：$B \rightarrow Y$ ↵　　　　　　　将起点坐标存入 XY 变量中

For $1 \rightarrow I$ To $N - 1$ ↵　　　　　　循环

"X = "：$X + M \times Z[4I-2] + Z[4I-1] \rightarrow X$ ▲

　　　　　　　　　　　　　　　计算各未知点的 X 坐标

"Y = "：$Y + R \times Z[4I-2] + Z[4I] \rightarrow Y$ ▲

　　　　　　　　　　　　　　　计算各未知点的 Y 坐标

Next："END"　　　　　　　　　　结束

（2）算例附合

1）附合导线。

已知数据：$G = 1$。

起点坐标和方位：$X_B = 393.780\text{m}$，$Y_B = 203.238\text{m}$，$F - AB = 57°25'56''$。

终点坐标和方位：$X_C = 529.996\text{m}$，$Y_B = 221.522\text{m}$，$F - CD = 347°38'42''$。

测角数：$N = 6$。

观测的水平角（6 个角）：$112°07'00''$、$135°07'38''$、$204°10'32''$、$219°26'34''$、$290°50'26''$、$48°30'24''$。

观测的水平边长（5 条边）：65.795m、33.038m、62.999m、45.747m、95.462m。

经程序计算，结果为

① 角度闭合差：$-0°00'12''$。

② 各边平差后方位角：$349°32'58''$、$304°40'38''$、$328°51'12''$、$8°17'48''$、$119°08'16''$、$347°38'42''$。

③ 导线总长：303.041m。

④ X 闭合差：-0.0112m。

⑤ Y 闭合差：0.0098m。

⑥ 导线全长相对闭合差：$K = \dfrac{1}{20321}$。

⑦ 未知点坐标：

第1点（458.4860，191.3015）。

第2点（477.2843，164.1310）。

第3点（531.2041，131.5439）。

第4点（576.4740，138.1437）。

C 点（529.9960，221.5220） 本点为终点，起检核作用。

2）闭合导线（见图5-3）。

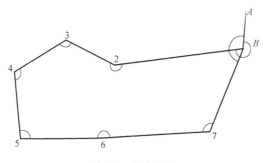

图5-3 闭合导线

在图中输入闭合导线的角度时，第一个水平角输入 $\angle AB2$，最后一个角度输入 $\angle 7BA$，其他编号形式的闭合导线类此输入。输入沿导线前进方向的左角，如为右角，则按"–"号输入即可。

平差计算结果见表5-1。

表5-1 闭合导线的平差计算

点 名	观测角度/ (° ′ ″)	方位角/ (° ′ ″)	边长/m	坐标/m	
				X	Y
A	—	183 55 00	—	—	—
B (1)	259 14 00			63829.540	51279.480
		263 08 50	115.258		
2	212 38 40			63815.796	51165.042
		295 47 21	48.434		
3	123 39 41			63836.872	51121.431
		239 26 52	53.544		
4	114 30 00			63809.658	51075.319
		173 56 42	58.309		
5	95 10 34			63751.679	51081.468
		89 07 07	71.580		
6	177 26 37			63752.785	51153.037
		86 33 34	97.934		
7	115 29 03			63758.670	51250.792
		22 02 28	76.452		
B (1)	161 52 42			63829.540（检核）	51279.480（检核）
—	—	3 55 00（检核）	$\sum D = 521.511$	—	—

注：$f_\beta = +0°01′17″$，$f_x = -0.039$，$f_y = +0.015$，$K = 1/12507$。

程序运行时，输入输出如下：

输入

$G = 0$；

$X_B = 63829.540$，$Y_B = 51279.480$，$F-AB = 183°55'00''$；

测角数 $N = 8$；

观测的水平角（8 个角）：$259°14'00''$、$212°38'40''$、$123°39'41''$、$114°30'00''$、$95°10'34''$、$177°26'37''$、$115°29'03''$、$161°52'42''$。

则计算出角度闭合差和平差后各边的方位角。

再输入观测的水平边长（7 条边）：115.258、48.434、53.544、58.309、71.580、97.934、76.452。

则计算出导线边长总和、X 增量闭合差、Y 增量闭合差、导线全长相对闭合差 K，再逐点输出各点的坐标。

5.3　无定向导线平差计算程序

5.3.1　无定向导线计算原理及公式

当测区内只有两个已知点，且已知点之间不通视时，传统的方法就是布设无定向导线。

无定向附合导线的两端各有一个已知点（高级点），缺少起始和最末边的已知坐标方位角。如图 5-4 所示，在已知点 B、C 之间布设了点号为 5、6、7、8 的 4 个待定点，共观测 5 条边长和 4 个转折角。

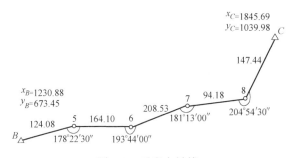

图 5-4　无定向导线

无定向附合导线由于缺少起始坐标方位角，不能直接推算导线各边的方位角。但是，导线受两端已知点的控制，可以间接求得起始方位角。其方法为先假定一边的方位角作为起始方位角，计算导线各边的假定坐标增量，然后根据 B、C 两点间的真、假两套坐标增量计算 B、C 两点间的真、假坐标方位角，从而求出真假方位角差，再对其他边的方位角进行改正。

（1）计算各边的假定方位角

先假定 B-5 边的坐标方位角 $\alpha'_{B5} = 90°00'00''$（也可以假定为 $0°00'00''$ 或其他任意角度），再推算出各边的假定方位角 α'。

（2）计算各边的假定坐标增量

用各边的假定坐标方位角和边长，计算各边的假定坐标增量 $\Delta x'$、$\Delta y'$，并求其总和 $\sum \Delta x'$、$\sum \Delta y'$，作为 B，C 两点间的假定坐标增量，即

$$\Delta x'_{BC} = \sum \Delta x' \tag{5-16}$$

$$\Delta y'_{BC} = \sum \Delta y' \tag{5-17}$$

（3）计算始、终两已知点间的真、假边长和方位角

用以上计算出的假定坐标增量，按坐标反算公式，计算 B、C 两点间的假定长度 L'_{BC}（B、C 两点间的长度称为闭合边）和假定坐标方位角 α'_{BC}。用 B、C 两点的已知坐标计算两点间的真边长 L_{BC} 和真方位角 α_{BC}。

（4）计算导线各边改正后方位角和改正后的边长

1）假定坐标方位角与坐标方位角的关系

$$\theta = \alpha_{BC} - \alpha'_{BC} \tag{5-18}$$

式中　θ——真假方位角差值（$°'''$）。

2）导线各边改正后的坐标方位角

$$\alpha_{ij} = \alpha'_{ij} + \theta \tag{5-19}$$

式中　α'_{ij}——某边的假定方位角（$°'''$）；

　　　α_{ij}——真实方位角（$°'''$）。

3）导线的真假长度比

$$R = \frac{L_{BC}}{L'_{BC}} \tag{5-20}$$

式中　L_{BC}——两已知点的真实距离（m）；

　　　L'_{BC}——假定坐标系中两已知点的距离（m）；

　　　R——真假长度比。

4）根据真假边长度比 R 计算各边改正后的边长，即 L

$$BC = RL'_{BC} \tag{5-21}$$

5）用改正后的边长和坐标方位角计算各边的坐标增量 Δx 和 Δy。

5.3.2 程序及算例

（1）程序名：WDXDX（本程序用于 CASIO fx-5800P 计算器）

Deg：Norm1：FreqOn ↵	设置角度、显示及统计串列
"N ="? N：N→DimZ ↵	输入测边个数
"XA ="? A："YA ="? B ↵	输入起点的坐标
"XB ="? C："YB ="? D ↵	输入终点的坐标
A + Bi→X：C + Di→Y ↵	复数形式的已知点坐标
0→F：X + List X［1］∠F→Z［1］↵	1 点假定坐标的复数形式
For 1→I To N − 1 ↵	循环
F + List Y［I］→F ↵	计算各边假定方位角
If F > 180：Then F − 180→F：Else F + 180→F：IfEnd ↵	
	计算各边假定方位角
Z［I］+ ListX［I + 1］∠F→Z［I + 1］↵	计算复数形式各点假定坐标
Next ↵	
(Y − X)÷(Z［N］− X)→Z ↵	计算假定坐标转换为测量坐标的转换复数
"K = 1／"：Int(Abs((1 − Abs(Z))⁻¹)) ◢	显示全长相对闭合差
"Z ="：Z▶r∠θ ◢	显示坐标转换复数的极坐标形式（▶r∠θ 在 FUNCTION/COMPLX 中）
Fix 3：For 1→I To N ↵	设置小数取位 3 位，建立循环
X + (Z［I］− X)Z→Z［I］↵	计算复数形式的各点坐标
If I≠N：Then "N ="：I ◢	显示点号
"XI ="：Rep(Z［I］) ◢	显示 X 坐标（取复数的实部）
"YI ="：Imp(Z［I］) ◢	显示 Y 坐标（取复数的虚部）
IfEnd：Next ↵	条件语句及循环语句
"END"	结束

（2）算例

计算时先在 REG 模式下，在统计串列 List X 中输入水平距离观测值，统计串列 List Y 中输入水平角观测值（左角 +，右角 −），见表 5-2。

表 5-2　无定向导线的平差计算

点号	水平角/ (°′″)	边长 D/m	坐标/m	
			X	Y
B	—	124.08	1230.88	673.45
5	−178　22　30	164.10	1321.53	758.17
	—		—	—
6	−193　44　00	208.53	1438.18	873.58
7	−181　13　00	94.18	1617.01	980.84
8	−204　54　30	147.44	1698.78	1027.56
C	—	—	1845.69	1039.98

程序运行前，先在 REG 状态输入如表 5-3 所示的数据，在 List X 列中输入水平边长，在 List Y 列中输入各水平角（左角输入 + 值，右角输入 − 值），再进入到程序中运行程序：

表 5-3　在串列中置数

	X/m	Y/m	FREQ
1	124.08	−178　22　30	—
2	164.10	−193　44　00	—
3	208.53	−181　13　00	—
4	94.18	−204　54　30	—
5	147.44	—	—

输入测边数 $N = 5$；

B 点坐标：$X_A = 1230.88$，$Y_A = 673.45$；

C 点坐标：$X_B = 1845.69$，$Y_B = 1039.98$

经程序计算：

① 导线全长相对闭合差：$K = \dfrac{1}{35460}$。

② 转换参数：$Z = 0.99997 \angle 43.06543259$。

③ 再依次输出 5、6、7、8 点的坐标（见表 5-2）。

5.4　单一水准路线平差计算程序

单一水准路线包括附合水准路线、闭合水准路线、水准支线三种。水准支线比较简单，所以本节只讨论附合水准路线、闭合水准路线的简易平差。

5.4.1　计算公式

平差时先计算高程闭合差，再按测站数或测段长度成正比分配闭合差。其计算

公式如下:

高程闭合差

$$f = H_A + \sum h_i - H_B \qquad (5\text{-}22)$$

式中　h_i——各测段高差 (m);

　　　f——高差闭合差 (m)。

高差改正数

$$V_i = -fS_i / \sum S \qquad (5\text{-}23)$$

式中　S_i——各测段长度 (m);

　　　V_i——各测段高差改正数 (m)。

或

$$V_i = -fn_i / \sum n \qquad (5\text{-}24)$$

式中　n_i——各测段的测站数。

5.4.2　程序及算例

(1) 程序名: SZLXPC (本程序用于 CASIO fx-5800P 计算器)

"K = 0 – BH 1 – FH"? K ↵	输入判别符号, 0 为闭合, 1 为附合路线
"D ="? D: Fix3 ↵	输入测段数
"HA ="? A ↵	输入起始点高差
If K = 0: Then A→B: Else "HB ="? B: IfEnd ↵	闭合路线则只输入一个起始高程
24→DimZ: 0→G: 0→M: 0→N ↵	变量置零, G、M 分别用于累加高差、测段长 (或测站数)
Lbl 1 ↵	设置程序语句行标号
N + 1→N ↵	N 为测段序号
"HI ="? C: C→Z[2N]: G + C→G ↵	输入高差, 并累加
"SI ="? S: S→Z[2N – 1]: M + S→M ↵	输入测段长 (或测站数), 并累加
N < D⇒Goto 1 ↵	依次输入下一测段
"W =": A + G – B→W ◢	计算高差闭合差

$-W \div M \rightarrow W$ ↵	计算单位长度或单位测站的高差改正数
$0 \rightarrow N$: $A \rightarrow H$: Lbl 2 ↵	变量置零
"N =": $N + 1 \rightarrow N$ ◢	显示点号
"HN =": $H + Z[2N] + W \times Z[2N-1] \rightarrow H$ ◢	计算并显示各点平差后高程
$N < D \Rightarrow$ Goto 2 ↵	依次计算下一点
"END"	结束

（2）算例

数据见表 5-4。

表 5-4 附合水准路线数据

点号	距离/km （或测站数）	高差/m	平差后各点高程/m
Ⅲ18	0.82	0.250	310.000
Ⅳ01	0.54	0.302	310.254
Ⅳ02	1.24	-0.472	310.559
Ⅳ03	1.30	-0.357	310.093
Ⅲ19	—	—	309.743

注：$\sum D = 3.9\text{km}$，$f_h = H_{18} + \sum h_{测} - H_{19} = -0.020\text{m}$。

5.5 直线线路中桩和边桩坐标计算程序

公路测量的主要内容之一是中线桩的放样。过去受仪器方面的限制，测量人员在放样公路的中桩时，多用切线支距法和偏角法等方法。而现在由于全站仪的普及，放样公路的中线桩一般都采用极坐标法。极坐标法与前述方法的主要区别在于，全站仪不一定要安置在线路中线的某些特殊点上，有较大的灵活性。但使用极坐标法的前提是必须在全线的统一坐标系统中准确计算出线路中桩的坐标。有时只放样中桩还不够，还要放样出边桩的位置。所以坐标法的关键在于计算出任意桩号的中桩坐标和切线方向。

平面线型归纳起来有三种基本形式：一是直线，直线的曲率半径为∞；二是圆曲线，其曲率半径为 R；三是缓和曲线，其曲率半径是逐渐变化的，它是从一个半径值 R_1 连续均匀变化到另一个半径值 R_2，大多数缓和曲线半径从∞变化为 R，或从 R 变化为∞。

5.5.1　直线计算公式

在如图 5-5 所示的直线段公路中，设起点坐标为 (X_0, Y_0)，起点里程桩号为 Z_0，直线前进方向的方位角为 A_0，则桩号为 Z 的任一点的切线方位角 A 和中桩坐标 (X, Y) 为

$$A = A_0 \qquad\qquad (5\text{-}25)$$

式中　A_0——起点的切线方位角（°′″）；

　　　A——任一点（桩号 Z 处）的切线方位角（°′″）。

$$X = X_0 + (Z - Z_0)\cos A_0$$
$$Y = Y_0 + (Z - Z_0)\sin A_0 \qquad\qquad (5\text{-}26)$$

式中　Z_0——起点的桩号（m）；

　　　Z——任一点的桩号（m）；

　X_0，Y_0——起点的纵、横坐标（m）。

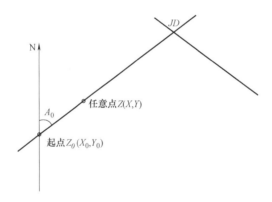

图 5-5　直线段的中桩和边桩计算

起点可以在直线段内上任意确定，起点坐标可以由交点坐标计算而来。计算时，可向前计算，也可向后计算，即 Z 可以比 Z_0 大，也可以比 Z_0 小。

5.5.2　程序及算例

（1）直线线路中桩和边桩坐标计算程序

程序名：GL-ZX（本程序用于 CASIO fx-5800P 计算器）

Deg：Fix 4 ↵	设置角度单位十进制，4 位小数显示
"X0 ="? X："Y0 ="? Y ↵	输入起算点坐标
"A0 ="? F："Z0 ="? K ↵	输入起算点的方位角和桩号

Lbl 1 ↵	语句标号
"Z = "? Z: "S = "? S ↵	输入未知点桩号、边桩到中桩的水平距离 S，左角 $-$，右角 $+$，$S=0$ 为中桩
"XZ = ": X + (Z − K) × cos F + S × cos(F + 90)→P ◢	计算未知点中桩 X 坐标
"YZ = ": Y + (Z − K) × sin F + S × sin(F + 90)→Q ◢	计算未知点中桩 Y 坐标
Goto 1 ↵	转入 Lbl 1 计算下一点

（2）算例

已知数据：

起点坐标：$X_0 = 7283.556$m、$Y_0 = 4012.971$m；

起点的切线方位角：$A_0 = 140°31'10''$；

起点的桩号为 K1 + 100：$Z_0 = 1100$m。

则经程序计算：

① K1 + 220 处（$Z = 1220$）的中桩（$S = 0$）的方位角和坐标：$X = 7190.9352$m，$Y = 4089.2690$m。

② K1 + 220 处（$Z = 1220$）的右边桩（$S = 10$）的坐标：$X = 7184.5770$m，$Y = 4081.5506$m。

③ K1 + 220 处（$Z = 1220$）的左边桩（$S = -10$）的坐标：$X = 7197.2933$m，$Y = 4096.9874$m。

继续计算下一桩号的中桩和边桩坐标。

5.6 圆曲线中桩和边桩坐标计算程序

5.6.1 计算公式

如图 5-6 所示为一圆曲线，设 ZY 点坐标为（X_0，Y_0），ZY 里程桩号为 Z_0，ZY 点的切向方位角为 A_0，则该圆曲线段上桩号为 Z 的任一点中桩坐标（X，Y）和切线方向 A 为

$$A = A_0 + \frac{180(Z - Z_0)}{\pi R} \tag{5-27}$$

式中 R——圆曲线的曲率半径（m）。

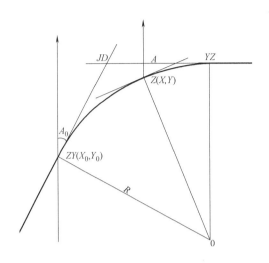

图 5-6　圆曲线的中桩和边桩计算

$$\begin{cases} X = X_0 + R(\sin A - \sin A_0) \\ Y = Y_0 - R(\cos A - \cos A_0) \end{cases} \tag{5-28}$$

式中　X_0、Y_0——ZY 点的横、纵坐标（m）。

需要说明的是 ZY 点坐标可以由交点坐标计算出来；当路线右偏时，R 取 "＋"值，路线左偏时，R 取 "－"值。

5.6.2　程序及算例

（1）圆曲线中桩和边桩坐标计算程序

程序名：GL-YQX（本程序用于 CASIO *fx*-5800P 计算器）

Deg：Fix 4 ↵	设置角度单位为十进制，4 位小数显示
"X0 ="? X："Y0 ="? Y ↵	输入 ZY 点的坐标
"A0 ="? F："R ="? R ↵	输入 ZY 点处的切向方位角、圆曲线半径
"Z0 ="? K ↵	输入 ZY 点处的桩号
Lbl 1："Z ="? Z："S ="? S ↵	输入待求点的桩号、边桩至中桩的距离（左 -，右 +）
F + 180（Z － K）÷π÷R→E ↵	计算待求点处的切线方位角
"A ="：E▶DMS ◢	显示待求点处的切线方位角
"XZ ="：X + R(sin E - sin F) + S×cos(E + 90)→P ◢	显示待求点的中桩（S = 0）或边桩的 X 坐标

"YZ = "：$Y - R(\cos E - \cos F) + S \times \sin(E + 90) \rightarrow Q$ ▲

　　　　　　　　　　　　　　　　显示待求点的中桩（$S = 0$）或边桩的 X 坐标

Goto 1 ↵　　　　　　　　　　转移语句

（2）算例

已知数据：

ZY 点坐标：$X_0 = 7283.556$，$Y_0 = 4012.971$；

ZY 点的切线方位角：$A_0 = 140°31'10''$；

半径：$R = -1000$（曲线线路向左偏）；

ZY 点的桩号为 K1 + 100：$Z_0 = 1100\mathrm{m}$。

则经程序计算：

① K1 + 220 处（$Z = 1220$）的中桩（$S = 0$）的方位角和坐标：$A = 133°38'38.2''$，$X = 7195.7297\mathrm{m}$，$Y = 4094.6366\mathrm{m}$。

② K1 + 220 处（$Z = 1220$）的右边桩（$S = 10$）的坐标：$A = 133°38'38.2''$，$X = 7188.4932\mathrm{m}$，$Y = 4087.7348\mathrm{m}$。

③ K1 + 220 处（$Z = 1220$）的左边桩（$S = -10$）的坐标：$A = 133°38'38.2''$，$X = 7202.9661\mathrm{m}$，$Y = 4101.5383\mathrm{m}$。

5.7 缓和曲线中桩和边桩坐标计算程序

5.7.1 计算公式

图 5-7 为一缓和曲线线路，设缓和曲线长为 L，圆曲线半径为 R，设 ZH 点坐标为 $(X_0，Y_0)$，ZH 点里程桩号为 Z_0，ZH 点的切向方位角为 A_0。

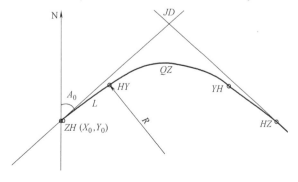

图 5-7　缓和曲线段的中桩和边桩计算

1) $ZH \sim HY$ 之间缓和曲线段桩号为 Z 的任一点中桩坐标（X，Y）和切线方向 A 为

$$\begin{cases} M = (Z - Z_0) - \dfrac{(Z - Z_0)^5}{40R^2L^2} + \dfrac{(Z - Z_0)^9}{3456R^4L^4} \\ N = \dfrac{(Z - Z_0)^3}{6RL} - \dfrac{(Z - Z_0)^7}{336R^3L^3} \end{cases} \tag{5-29}$$

$$A = A_0 + \frac{90(Z - Z_0)}{\pi RL} \tag{5-30}$$

式中 L——缓和曲线的长度（m）；

M、N——中间变量（m）。

$$\begin{cases} X = X_0 + M\cos A - N\sin A \\ Y = Y_0 + M\sin A + N\cos A \end{cases} \tag{5-31}$$

式中 X_0、Y_0——ZH 点的横、纵坐标（m）。

2) 该 $HY \sim YH$ 之间圆曲线段桩号为 Z 的任一点中桩坐标（X、Y）和切线方向 A 为

$$k = \frac{90(L + 2Z - 2Z_0)}{\pi R} \tag{5-32}$$

式中 k——ZH 点切线方向与任一点切线方向间的夹角（°′″）。

$$\begin{cases} M = R\sin k + \dfrac{L}{2} - \dfrac{L^3}{240R^2} \\ N = R(1 - \cos k) + \dfrac{L^2}{24R} \end{cases} \tag{5-33}$$

$$A = A_0 + k \tag{5-34}$$

式中 A——带有缓和曲线的圆曲线上任一点的切线方位角（°′″）。

$$\begin{cases} X = X_0 + M\cos A - N\sin A \\ Y = Y_0 + M\sin A + N\cos A \end{cases} \tag{5-35}$$

3) 需要说明的是 ZY 点坐标可以由交点坐标计算出来；当路线右偏时，R 取 "＋" 值，路线左偏时，R 取 "－" 值；对于 $YH \sim HZ$ 段的缓和曲线，可以 HZ 点为起点，以 HZ 点到 JD 点的方位角为起算的切线方位角，同法计算，并根据从 HZ 向 YH 方向是右偏还是左偏来判定 R 的符号。

5.7.2 程序及算例

(1) 缓和曲线中桩和边桩坐标计算程序

程序名：GL-HHQX（本程序用于 CASIO *fx*-5800P 计算器）

Deg：Fix 4 ↵	设置角度单位为十进制，4 位小数显示
"X0 = "? X："Y0 = "? Y ↵	输入 ZH 点的坐标
"R = "? R："L = "? L ↵	输入圆曲线半径 R、缓和曲线长 L
"A0 = "? F："Z0 = "? K ↵	输入 ZH 点处的切向方位角、ZH 点桩号
Lbl 1："Z = "? Z："S = "? S ↵	输入待求点的桩号、边桩至中桩的距离（左角 −，右角 +）
Abs（Z − K）→J ↵	计算待求点到 ZH 点间的曲线长
If J≤L ↵	条件语句
Then J − J^5 ÷ (40R^2L^2) + J^9 ÷ (3456R^4L^4)→M：J^3 ÷ (6RL) − J^7 ÷ (336R^3L^3)→N：F + 90(Z − K)^2 ÷ (πRL)→E ↵	计算 M、N 值（缓和段）
Else J − L→J：90 (L + 2J) ÷ (πR)→U ↵	U 为中间变量
RsinU + L ÷ 2 − L^3 ÷ (240R^2)→M ↵	计算 M 值
R (1 − cosU) + L^2 ÷ (24R)→N ↵	计算 N 值
F + U→E：IfEnd ↵	计算待求点处的切线方位角（圆曲线段）
"A = "：E▶DMS ◢	显示待求点处的切线方位角
"XZ = "：X + McosF − NsinF + S × cos(E + 90)→P ◢	显示待求点的中桩（$S = 0$）或边桩的 X 坐标
"YZ = "：Y + MsinF + NcosF + S × sin(E + 90)→Q ◢	显示待求点的中桩（$S = 0$）或边桩的 X 坐标
Goto 1 ↵	返回求下一点

（2）算例

已知数据：

ZH 点坐标：$X_0 = 7283.556$ m，$Y_0 = 4012.971$ m；

半径：$R = -1000$ m（曲线线路向左偏）；

缓和曲线长：$L = 55$ m；

ZH 点的切线方位角：$A_0 = 140°31'10''$；

ZH 点的桩号为 K1 + 100：$Z_0 = 1100$m。

则经程序计算：

1）缓和曲线段计算：

① K1 + 140 处（$Z = 1140$）的中桩（$S = 0$）的方位角和坐标为：$A = 139°41'09.8''$，$X = 7252.8063$m，$Y = 4038.5528$m。

② K1 + 140 处（$Z = 1140$）的右边桩（$S = 10$）的坐标为：$A = 139°41'09.8''$，$X = 7246.3366$m，$Y = 4030.9277$m。

③ K1 + 140 处（$Z = 1140$）的左边桩（$S = -10$）的坐标为：$A = 139°41'09.8''$，$X = 7259.2761$m，$Y = 4046.1779$m。

2）带缓和曲线的圆曲线段计算：

① K1 + 220 处（$Z = 1220$）的中桩（$S = 0$）的方位角和坐标为：$A = 135°13'10.5''$，$X = 7193.8358$m，$Y = 4092.5816$m。

② K1 + 220 处（$Z = 1220$）的右边桩（$S = 10$）的坐标为：$A = 135°13'10.5''$，$X = 7186.7918$m，$Y = 4085.4835$m。

③ K1 + 220 处（$Z = 1220$）的左边桩（$S = -10$）的坐标为：$A = 135°13'10.5''$，$X = 7200.8797$m，$Y = 4099.6798$m。

5.8 线路竖曲线计算程序

5.8.1 计算公式

$$\alpha = i_1 - i_2 = \Delta_i \tag{5-36}$$

式中　i_1——后坡度；

　　i_2——前坡度；

　　Δ_i——前后坡度差；

　　α——竖曲线切线夹角（°'''）。

在图 5-8 中，竖曲线要素关式如下

$$T = R\tan\left(\frac{\alpha}{2}\right) = \frac{R}{2}\tan\alpha = \frac{R}{2}\Delta_i \tag{5-37}$$

式中　R——竖曲线曲率半径（m）；

　　T——切线长度（m）。

$$L = 2T \tag{5-38}$$

式中　L——曲线长度（m）。

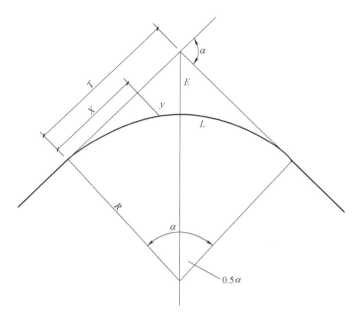

图 5-8 竖曲线要素

$$y = \frac{x^2}{2R} \tag{5-39}$$

式中 y——切线上和曲线上的高程差（m）；

x——竖曲线上任一点至曲线起点（或终点）的距离（m）。

曲线之外的高程 H_i 和 H_j

$$H_i = H_0 - (Z_0 - Z_i)i_1 \tag{5-40}$$

式中 H_0——竖曲线顶点处切线交点的高程（m）；

Z_0——竖曲线顶点处的桩号（m）；

Z_i——任一点（后坡度段）的桩号（m）。

$$H_j = H_0 + (Z_i - Z_0)i_2 \tag{5-41}$$

式中 Z_i——任一点（前坡度段）的桩号（m）。

曲线之内的高程 H_i 和 H_j

$$H_i = H_0 - (Z_0 - Z_i)i_1 - y \tag{5-42}$$

式中 Z_i——任一点（竖曲线段内后坡度段）的桩号（m）。

$$H_j = H_0 + (Z_i - Z_0)i_2 - y \tag{5-43}$$

式中 Z_i——任一点（竖曲线段内前坡度段）的桩号（m）。

5.8.2　程序及算例

（1）线路竖曲线计算程序

程序名：GL-SQX（本程序用于 CASIO fx-5800P 计算器）

Fix 4 ↵	设置4位小数显示
"R ="? R ↵	竖曲线半径 R（凹曲线，即 $I < J$ 时 R 取负值）
"I ="? I："J ="? J ↵	输入后坡度、前坡度
"G ="? G："Q ="? Q ↵	输入顶点高程、顶点桩号
Lbl 1 ↵	语句标号
"Z ="? Z：Abs（Z − Q）→N ↵	输入任意桩号，计算待求点到顶点的距离
0.5 × R ×（I − J）→M ↵	计算竖曲线切线长
If Z < Q：Then G − N × I→H：Else G + N × J→H：IfEnd ↵	
	曲线之外的前后高程计算
If N < M：Then H −（M − N）^{2} ÷（2R）→H：IfEnd ↵	
	曲线之内的高程计算
"H ="：H ▲	显示待求点的高差
Goto 1 ↵	转到 Lbl 1 重新输入桩号计算下一点

（2）算例

已知数据：

半径：$R = 1000\text{m}$；

后坡度：$I = 0.05$（即 5% 的坡度）；

后坡度：$J = -0.03$（即 -3% 的坡度）；

曲线顶点的高程：$G = 276.5584\text{m}$；

曲线顶点的桩号 K2 + 360：$Q = 2360\text{m}$。

则经程序计算：

① K2 + 200 处（$Z = 2200$）的设计高程为：$H = 268.5584\text{m}$。

② K2 + 350 处（$Z = 2350$）的设计高程为：$H = 275.6084\text{m}$。

③ K2 + 392 处（$Z = 2392$）的设计高程为：$H = 275.5664\text{m}$。

④ K2 + 481.6 处（$Z = 2481.6$）的设计高程为：$H = 272.9104\text{m}$。

练 习 题

5-1 编程计算表5-5中的支导线。

表5-5 支导线已知数据和观测数据

点　名	观测角度/	方位角/	边长/m	坐标/m	
	(°′″)	(°′″)		X	Y
M		237 59 30			
A（1）	99 01 00		225.850	2507.690	1215.630
2	167 45 36		139.030		
3	123 11 24		172.570		
4	189 20 36		100.070		
5	179 59 18		102.480		

5-2 编程计算表5-6中的附合导线。

表5-6 附合导线已知数据和观测数据

点　名	观测角度/	方位角/	边长/m	坐标/m	
	(°′″)	(°′″)		X	Y
M		237 59 30			
A（1）	99 01 00		225.850	2507.690	1215.630
2	167 45 36		139.030		
3	123 11 24		172.570		
4	189 20 36		100.070		
5	179 59 18		102.480		
B（6）	129 27 24	46 45 30		2166.740	1757.270
N					

5-3 某公路直线段的参数如下：起点坐标（1000，2000）、起点的切线方位角为 $A_0 = 200°05'40''$、起点的桩号为 K0+100，请编程计算 K0+300 处的中桩和左边桩（$S = 13.75$）的坐标。

5-4 某公路圆曲线段的参数如下：起点坐标（1000，2000）、起点的切线方位角为 $A_0 = 200°05'40''$、起点的桩号为 K0+100、圆曲线半径900（曲线线路向右偏），请编程计算 K0+197 处的中桩和左边桩（$S = 13.75$）的坐标。

CASIO *fx*-5800*P* 计算器编程时常用的符号、命令和函数

序 号	符号、命令和函数	功 能 说 明
1	" "	将引号中的内容显示为注释文本
2	:	语句分隔符，程序不停止运行，作用同 "↵"
3	↵	在程序中按 EXE 键的回车符号，作用同 ":"
4	?	键盘输入数值到变量
5	→	赋值到变量
6	◢	显示计算结果，程序暂停执行
7	=、≠、>、<、≥、≤	关系运算符
8	⇒	条件语句格式，相当于 If～Then～IfEnd
9	If～Then（～Else）～IfEnd	条件语句，If 后的表达式为条件，为真时执行 Then 后的语句，为假时执行 Else，接着执行 IfEnd 的语句
10	Goto n～Lbl n	转移命令，n 为数字或字母，遇 Goto n 命令则转移到 Lbl n 语句。也可为 Lbl n～Goto n
11	For～To（Step）～Next	循环语句，For 到 Next 之间的语句重复执行，执行次数由初值、终值和步长确定（省略 Step，则默认步长为1）
12	While～WhileEnd	循环语句，While 后面跟条件，条件成立则 While 和 WhileEnd 之间的语句重复执行；条件不成立则执行 WhileEnd 之后的语句
13	Do～LpWhile	循环语句，LpWhile 后面跟条件，条件成立则 Do 和 LpWhile 之间的语句重复执行；条件不成立则执行 LpWhile 之后的语句
14	Dsz	减 1 计数循环，每次递减1，如果等于 0 则跳过
15	Isz	加 1 计数循环，每次递增1，如果等于 0 则跳过
16	Prog	程序调用，从当前程序去执行另一程序（子程序）
17	Break	中断程序
18	Stop	终止程序

（续）

序　号	符号、命令和函数	功　能　说　明
19	Return	从子程序返回主程序
20	Getkey	返回键盘上键所对应的代码
21	Cls	清除显示屏上的文字、表达式及计算结果
22	Locate	在屏幕的指定位置显示
23	And、Or、Not	逻辑运行符
24	▶DMS	将角度显示为度分秒的形式
25	Deg、Rad、Gra	设置角度单位
26	Fix、Sci、Norm1（Norm2）	设置计算结果的显示方式（小数位数、科学记数的有效位数、科学记数范围。Norm1，则对于小于 10^{-2} 和大于等于 10^{10} 的数值，采用科学记数法。Norm2，则对于小于 10^{-9} 和大于 10^{10} 的数值，采用科学记数法）
27	List	串列
28	ab/c、d/c	设定显示代分数或是假分数的形式
29	a+bi、r∠θ	指定复数计算结果显示为直角坐标或者极坐标
30	Abs( )、Arg( )	取复数的绝对值和幅角
31	Rep( )、Imp( )	提取复数的实部和虚部
32	EngOn、EngOff	打开或关闭工程符号
33	ClrStat	清除串列中的数据（List X、List Y、List Freq）
34	ClrMat	清除所有矩阵存储器的内容
35	ClrMemory	清除所有字母变量（A~Z）和 Ans 存储器中的值
36	ClrVar	清除内置公式变量及用户自定义公式变量
37	FreqOn、FreqOff	打开或关闭统计频率
38	Abs( )	取绝对值
39	Int( )	取整（实数的整数部分）
40	Frac( )	取小数（实数的小数部分）
41	Intg( )	取整（不超过实数的最大整数）
42	Ran#( )	生成 0 和 1 之间的 10 位随机小数
43	RanInt#（m，n）	生成指定范围内的随机整数，m 和 n 为整数
44	Rnd( )	舍入函数（四舍五入）
45	Pol( )	坐标反算函数，括号内为 x 坐标增量和 y 坐标增量，用"，"隔开，计算结果为平距和方位角，存储于字母 I 和 J 当中
46	Rec( )	坐标反算函数，括号内为平距和方位角，用"，"隔开，计算结果为 x 坐标增量和 y 坐标增量，存储于字母 I 和 J 当中

参 考 文 献

［1］韩山农. 公路工程施工测量现场实用程序计算技术［M］. 北京：人民交通出版社，2010.

［2］覃辉，覃楠. CASIO *fx*-5800*P* 编程计算器基于数据库子程序的测量程序与案例［M］. 上海：同济大学出版社，2010.

［3］覃辉. CASIO *fx*-4800*P/fx*-4850*P* 与 *fx*-5800*P* 编程计算器功能比较与程序转换［M］. 上海：同济大学出版社，2009.

［4］刘楚彦. CASIO *fx*-5800*P* 可编程计算器测绘计算实用程序［M］. 广州：华南理工大学出版社，2008.

［5］李天和. 地形测量［M］. 重庆：重庆大学出版社，2009.

［6］张坤宜. 交通土木工程测量［M］. 北京：人民交通出版社，1999.

［7］冯大福. 建筑工程测量［M］. 天津：天津大学出版社，2010.

［8］曹智翔，周祖渊. 直接放样道路边线的方法［J］. 四川测绘，1997（4）：159 – 161.

［9］张雨化. 道路勘测设计［M］. 北京：人民交通出版社，1998.

［10］王中伟. 卡西欧 *fx*-5800*P* 计算器与道路施工放样程序［M］. 广州：华南理工大学出版社，2011.